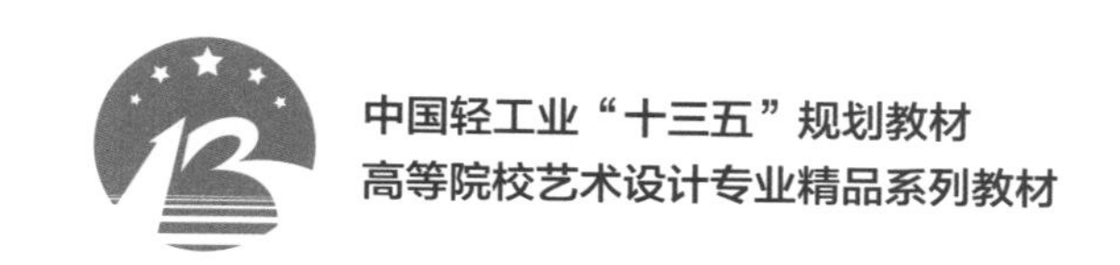

Fashion Design

服装设计

（第二版）

杨永庆　杨丽娜　编著

中国轻工业出版社

图书在版编目（CIP）数据

服装设计 / 杨永庆，杨丽娜编著. —第二版. —北京：中国轻工业出版社，2023.7

全国高等教育艺术设计专业规划教材

ISBN 978-7-5184-1911-1

Ⅰ. ①服… Ⅱ. ①杨… ②杨… Ⅲ. ①服装设计—高等学校—教材 Ⅳ. ①TS941.2

中国版本图书馆CIP数据核字（2018）第055645号

责任编辑：李　红　　责任终审：张乃柬　　整体设计：锋尚设计
策划编辑：王　淳　　责任校对：晋　洁　　责任监印：张　可

出版发行：中国轻工业出版社（北京东长安街6号，邮编：100740）
印　　刷：艺堂印刷（天津）有限公司
经　　销：各地新华书店
版　　次：2023年7月第2版第2次印刷
开　　本：889×1194　1/16　印张：9.75
字　　数：400千字
书　　号：ISBN 978-7-5184-1911-1　定价：49.80元
邮购电话：010-65241695
发行电话：010-85119835　传真：85113293
网　　址：http：//www.chlip.com.cn
Email：club@chlip.com.cn
如发现图书残缺请与我社邮购联系调换
231001J1C202ZBQ

服装设计是科学技术和艺术的交集，涉及美学、文学、社会学、经济学、心理学、生理学、材料学、工程学等要素。

服装是一种社会文化形态，服装设计是着意于这种文化形态的设计。科学与艺术的相互结合，自然科学与社会科学的相互交融，使之出现了诸多的交叉性学科和边缘性学科，服装设计便是这种结合中所派生出来的新型学科之一。服装设计与其他造型艺术一样，受到社会经济、文化艺术、科学技术的制约和影响，在不同的历史时期内有着不同的精神风貌、客观的审美标准以及鲜明的时代属性。就服装设计的本质而言，它是选用一定的材料，依照预想的造型结构，通过特定的工艺制作手段来完成的艺术与技术相结合的创造性活动。由于服装的造型风格、造型结构及造型素材的差异，服装又可分为适合不同消费群体或个人的若干种类。随着人类社会分工、审美需求的不断深化，服装的服用功能越来越规范化和科学化，因而，掌握不同类别服装的设计方法和规律也就越来越重要。本书所论述的内容正是围绕着这些相关问题而展开的。

本书主要内容包括服装设计概念、发展及主题研究、服装色彩表现、服装设计美学、服装外型与设计程序等10个部分。重点是在服装艺术审美的基础上，由浅入深介绍具体的服装设计方法和服装材料特性与专题设计的构成关系，注重流行风格在服装设计中的运用。本书配有准确定位的图片和服装整体策划方案，这些对有志于从事服装设计的读者来说有着非常重要的作用，同时注重引导多向性的设计元素探索，帮助其突破传统框架的限制，提高创新思维和设计表现能力。

本书由齐鲁工业大学（山东省科学院）艺术设计学院杨永庆教授与杨丽娜副教授共同编著，为校级教材立项重点项目（编号：0412010317）。由于编著时间较紧，本书难免有疏漏及错误之处，恳请广大读者提出宝贵意见与建议，以使作者进一步改进，将不胜感激！

目录 CONTENTS

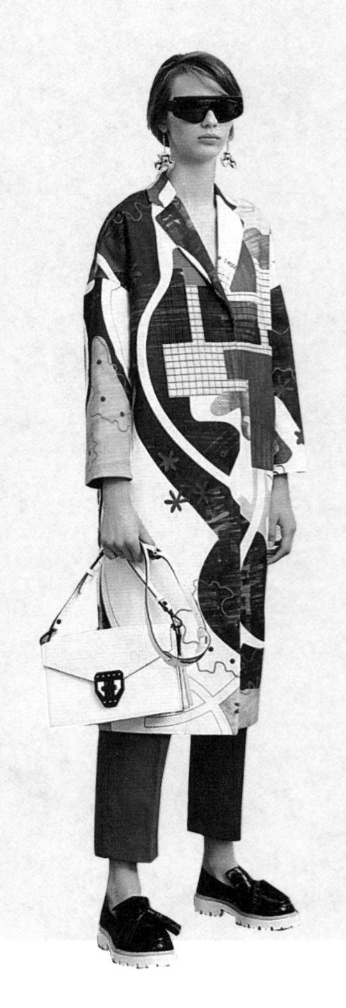

第五章　服装色彩及应用

第六章　服装材料及应用

第七章　服装款式的局部及整体设计

第八章　专题服装设计

第九章　企业成衣设计

第十章　品牌服装设计及品牌服装工作室运作

第一章
绪论

服装是人类赖以生存的必要物质条件之一，自从其诞生就伴随着我们人类，存在于各种不同的空间环境之中。作为人类个体外在形象的主体，它所具有的视觉传达作用，现已成为反映人类社会文明进步的重要载体和表达现代人自我意识、个性、主张、兴趣、爱好的主要媒介。

法国著名作家阿娜托耳·法兰士曾说过："假如我死后一百年，还能在书林中挑选的话，你猜我将选什么？在未来的书林中我既不选小说，也不选类似小说的史记。啊！朋友，我将毫不迟疑地直取一本服装杂志，看看我身后一个世纪妇女的服饰，它能显示给我的未来人类文明，远比一切哲学家、小说家、预言家和学者告诉我的都多。"

从这儿我们不难看出，服装作为一种非语言性物质就像一面镜子，折射着人类的进步与发展，体现着我们现代人生活的方方面面。当我们来到一个陌生的地区，只要仔细观察那儿人们的服饰特征，就不难判断出，那里人们的生活习俗和社会繁荣的程度。可以说，服装既是社会文化的表象，同时也是人类精神文明的象征。

第一节　服装的基本概念、功能、分类

一、服装的基本概念

服装一词对于今天的人们来说是一个再熟悉不过的词语了，但是日常生活中人们却往往把它与时装、衣服、成衣、服饰等混淆起来使用，实际上这是不正确的。

1. 服装

服装就其词意而言，包含了两种意思："服"即衣服，是一种物的存在形式。对人而言，其主要功能在于保暖蔽体。而"装"意为装扮、打扮，是一种精神需求。对人而言，它所具有的主要功能在于满足人们的审美目的。也就是说，衣服的词意仅仅表达了服装这个概念的部分含义。服装的定义应为：衣服经过人的审视、思考，并加以选择整理，然后穿着在身上所呈现出的状态，为服装。它是人与衣服的总和。我们常说的服装美，实质上就是指的这种状态美，如图1–1–1所示。服装必须依靠人及其相处的环境而存在，脱离了人体与其相处的环境，就不能再称之为服

图1-1-1 Dior New Look（迪奥“新风貌”样式）

装，而只能叫衣服或衣物。

2. 时装

时装是指某个阶段所流行的服装衣饰。时装的英文单词为Fashion，源于法文的Factio一词。其含义为时髦、流行款式，也有方式、模样、姿态的解释，用于服装上专指“流行服装”，即时装。而冠以“时”字来形容，主要是为了明确“时髦”含意。

服装衣饰向来都具有很强的时代性，即流行性。但是服装的流行并非是一成不变的，它要受到来自于政治、经济、文化、宗教、思想、科学技术等方面因素的影响，并伴随着时代的变迁，而不断演绎出新的内容。有时一种风格的服装可能会流行数年，也有的可能仅流行一季便成为了过去。翻开服装发展的历史，这样的例子不胜枚举。当然服装的流行除了要受上述客观因素的影响之外，其自身的周期性发展也是决定其流行的一个重要原因。我们把服装的这种周期性发展称为：流行周期，即服装的发生、成长、成熟、衰退、完结五个阶段。

服装经设计师设计发表出来，若尚未普遍化，称之为摩登；而一旦流行开来，并具有普遍性倾向时，则称之为流行时装。当这种流行时装继续发展下去出现太过流行时，随着人们对新时尚的追求，这些原本流行的时装就会被新流行起来的时装所取代。当然这些被淘汰掉的时装并不等于就此完结了，而是作为一种固定的式样被保留下来，等待着新一轮流行的开始，因为流行具有一定意义上的循环复古性。虽然这种循环因时代的审美尺度不同、标准不同，会有较大的差异，但是其内在的关联性则是必然的。因此，这些被固定下来的式样肯定会以一种新的形式出现在未来的流行时装行列中，如图1-1-2所示。

3. 成衣

成衣是指那些由服装生产企业按照一定标准、型号，设计生产的批量成品衣服。一般来说，此类衣服与裁缝店中订做的衣服和自己在家中缝制的衣服有本质上的区别。因为成衣不是以某个人为对象或者为某个阶级服务的；而是以大众为对象，为大众服务的，故而

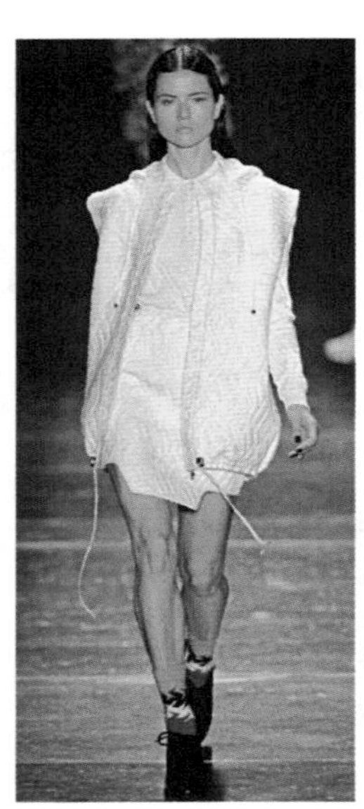

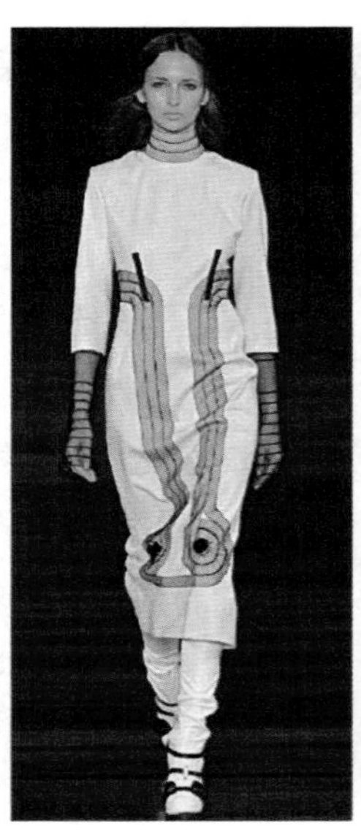

图1-1-2 2016秋冬圣保罗女装发布会

图1-1-3 UNIQLO（优衣库）伦敦店铺2015/16秋冬新款

图1-1-4 2016春夏Balmain（巴尔曼）巴黎女装发布会

有“成衣是大众的”之说。目前各类商店中一般出售的衣服基本上都是成衣。它最大的特点就在于顾客购买了以后即可以穿用，方便、省时，如图1-1-3所示。

4. 服饰

服饰不仅仅指的是衣服本身，而且连带着衣服之外的装饰和附属品也都包含在内。例如实用性的帽子、手套、围巾、腰带、鞋；装饰性的手袋、别针、饰纽、耳环、项链、戒指等都附属于服饰方面的范畴，如图1-1-4所示，服饰即是服装与饰物的总称。

5. 衣服

所谓衣服指的是穿在人体上的覆着物。无论它是被人们穿在身上或是脱下来放置在任何地方，都可以叫做衣服，如图1-1-5所示。如果单称“衣”时，常指上身的衣着。裙、裤、属于衣服，但一般不能单独称作“衣”来使用。

二、服装的功能

服装不同功能的产生，来自于人类的生活实践。一般来说：有什么样的生活需求，就会有与之相适应的服装功能。现代服装的基本功能概括起来共有三个方面：即服装的实用功能、社会功能和审美功能。

1. 实用功能

服装的实用功能是服装创立的基础，任何一种服装形态，如果实用性很差，就存在着被抛弃的危险。在服装发展演变的历史过程中“无用退化”是一个非常普遍的现象。这就像生物的进化一样，“物竞天择，而适者生存”。例如：我们的民族传统服装目前在日常生活中已鲜见人穿，这种现象的产生，很大一个原因就在于这些服装的实用功能已经远远无法满足现代人的生活需求了。因此而被实用性更强的西式服装所取代，从而形成我国现代生活中90%以上的人都穿用西式体形服装的特点。所以，实用是服装这种形态所赖以生存

图1-1-5　衣服

的主要依据。

对于服装实用功能的理解有广义与狭义之分。广义上的实用应理解为“适应”，即对自然环境的适应和社会环境的适应。狭义上的实用，则表现为服装的各种机能性，如防护性、科学性、卫生性等。

防护性：通过穿用衣服可以使人得到身体保护、心理保护和安全保护。如人们在冬天怕冷，有了衣服人在心理上就可以增加安全感。

科学性：通过不断的调整衣服的各种理化指标来改善衣服的服用性能，从而达到提高人体运动机能的目的。

卫生性：通过从生理学、卫生学的角度研究人体的生理现象及与衣物的关系，来提高人体的健康状况。

2. 社会功能

服装作为一种非语言性的信息传达媒体，不仅把使用者的社会地位、职业、文化修养、个性，所担负的社会责任，自信心等属于个体方面的印象传达给别人。同时还能反映出不同地区、阶级、行业、社会集团和社交、礼仪、情爱、象征及标志等属于社会性质的特征。这就是我们所说的：服装的社会功能。

从社会学的角度讲：服装一直都在装扮着人类的社会形象，起着角色的作用。在某种意义上服装体现着人类社会的价值观、传播着不同民族文化的特色、界定着不同行业的性质，也包括规范着约定俗成的道德、习俗等，成为社会有序发展的动力之一。如果服装失去了这种社会功能，那么人类经过几十万年所形成和建立起来的生活模式，将会受到极大的威胁。人们就不能很好地生存，也无法进行密切的交往。

当人们外出时，根据不同的目的，穿上不同形式的服装，就会产生一种随之而来的社会归属感。这种情感的产生，除了服装的基本属性以外，更主要的还是由服装的社会属性所引起的。人们有了这种情感，就会自然的形成一种积极向上的生活态度，就会有利于调动工作的热情和加强人际间的交流活动。可以说：服装的社会功能是帮助人们完成各种各样生活状态，协助人们达到各种生活目的的一种重要保障。

3. 审美功能

服装的审美功能包括艺术形象性和美学本身鉴赏的功能。

服装的审美来源于着装者本能的追求美的心理。无论是古代的原始人还是现代的文明人，都有一种想把自己打扮美的愿望。正如马克思说的：“人类总是按照美的规律制造。”

随着人类精神文明和物质文明的不断提高，人们追求美的愿望愈发强烈。这种愿望首先表现为个人的自我完善，衣着美、形象美就是这种自我完善的重要条件之一。当人们穿上一件新颖、时尚、得体的服装，弥补了形体上的某些欠缺，展示出自身的气质、修养和较好的精神面貌时，除了能给他人留下一个美好的印象之外，也能使穿衣人本身在社会的交往活动中树立起更大的自信心。因此，现代的服装已不仅仅是用来蔽体护身和体现社会属性，它应该、也必须具有更高的审美价值，来体现人们的精神意识，传达新的美学标准，成为人类美化自身，展示自我的艺术品，如图1-1-6所示。

图1-1-6 2016春夏墨西哥女装发布会

三、服装的分类

现代服装是极其丰富多样的，要学习服装设计，首先就得分清服装的类别，否则容易造成概念上的混淆，不利于学习活动的进行。

服装的种类，可以按性别和年龄特征、穿着顺序、预定用途的活动场合、着装季节和织物品种等不同的方面来加以分类。

1. 按性别和年龄特征

服装可分类为男装、女装、男女共用装和成年服（青年服、中年服、老年服）及儿童服（婴儿服、幼儿服、少年服）。

2. 按穿着顺序

服装可分为内衣、外衣、外套三大类。

内衣指的是直接贴体穿着的衣服。包括贴身内衣、补整内衣、装饰内衣三大类。

外衣通常指穿在内衣外面的衣服。包括连衣裙、套装、猎装、夹克衫、休闲装等。

外套指穿在外衣外面的衣服。根据使用季节的不同，它包括各种大衣、风雨衣、短外套和各式披肩等。

3. 按预定用途的活动场合

服装可分为生活装、便装、职业装、运动服、礼服和舞台服装等。

生活装指适合于家庭劳作和在家庭中进行各种活动时穿着的服装。一般又分为家居服、劳动服等，如主妇袍、宽松式套装、围裙、连衣裤等。

便装泛指那些穿着比较随意、自由，适合上街购物、休闲以及上班途中所穿用的服装。如夹克衫、T恤、市街服、休闲旅游服等。

职业装包括职业制服、劳动保护服和工作服三种：其特点既能体现职业的特征又能起到劳动保护的作用。如警服、军服、工商服、税务服、学生服、电工服、冶炼服、消防服、酒店员工服、医士服、护士服等。

运动服包括专业运动服和休闲运动便装。专业运动服不仅要针对具体运动项目的特点最大限度地加以满足其实用功能的需要，而且还要方便和进一步促进该项目的动作完成。体育运动爱好者所穿着的运动服除了保障其实用功能的要求外，很大程度上起到的是美化和装饰的作用。运动服的种类有田径服、体操服、登山服、泳装和各种球类运动服等。

礼服专指人们参加一些礼仪性活动时所穿用的服装。它包括社交服和礼仪服两大类，如婚礼服、丧礼服、晚礼服以及西方国家的下午礼服、鸡尾酒会服、小夜礼服、大夜礼服、礼宴服等。

舞台服装是指演员们在剧院和露天舞台上单独或集体演出时所穿用的表演服装。这种服装与生活服装的区别，就在于它的主要功能是围绕着塑造剧中人物而设定的。服装必须为剧情的内容服务，是塑造人物形象特征的一种手段。

4. 按着装季节

服装可分为春秋装、冬装和夏装三大类。

5. 按织物品种

服装可分为梭织服装和针织服装两类，包括天然纤维材料、人造纤维材料，合成纤维材料、混纺材料等。如果服装按其所用材质分类，还应包括皮革服装、裘皮服装以及其他一些特殊材料所制作的服装。

第二节　设计的概念、分类、发展及研究领域

一、设计的概念与分类

学习服装设计，首先要学习什么是设计。只有当我们掌握了什么是设计时，我们才能更好地去学习服装设计，才能从根本上分清服装设计与设计的关系。

（一）设计的概念

关于设计一词，对我们大家来讲并不感到陌生。从城市到乡镇，各类的设计公司、设计中心随处可见。从高楼大厦到日用百货，含有设计因素的产品充盈着我们生活中的方方面面。“设计”一词已经成为我们在日常生活中常常信口道来的一句非常普通而且使用率极高的词语。尽管如此，但真正懂得和理解它的含义的人却并非如使用它的人那样多。那么，到底什么是设计?

“设计”与中文设计相对应的一词有英文中的Design和法文的Dessin，两者均来自于拉丁文中的Designare。目前，国际上通用的是英文Design，它的词意为：计划、构思、设立方案，也有意象、作图、制型的意思。由于设计一词本身的含义范围非常广泛，有动词与名词之分，如设计服装和服装设计。所以目前世界各国设计界对其的解释也不尽一致。像老牌的工业国家，英国的著名设计师布尔斯·阿查，对设计的定义是：有目的地解决问题的行为。而发达国家之一的日本，其著名的服装设计师村田金兵卫对设计的定义则为：“设计即计划和设想实用的、美的造型，并将其可视性地表现出来。换句话讲，实用的、美的造型计划的可视性表示即设计”。因此，国际设计组织对于设计的定义也就没有一个固定的注解。相对较为统一的认识为：设计是进行整体结合的组织过程，如图1–2–1所示，这是一组以《原味》为主题的 女装设计企划案例，分别从灵感来源，流行色，服装款式及相应搭配的彩妆等元素，展示出整体组织过程的设计体现。

（二）设计的分类

当我们知道了设计的含义，再来看一看有关设计的分类。设计是一个非常庞大的体系，我们人类所生活的空间，从某种意义上讲，就笼罩在这个庞大的体系中。我们的衣、食、住、行，每一样都含有设计的因素。有原始的，有现代的，也有超前的。面对这样一个体系，如果我们不能很好地把它加以区分的话，就难以把握它和利用它为人类的生活创造更多的方便条件。正因如此，许多人都在试图把这个庞大的设计世界，体系性的加以概括。在这些人当中，最成功的、也是最优秀的当属日本的川添登先生所创立的方案。他是从人与自然、人与社会、社会与自然的三角关系上来概括设计领域的。人与自然之间；人类面对大自然为了生存而创造了工具这种装备。人与社会之间；为了传达意图，因而产生了精神性的装备。而在社会与自然之间；为了竞争便有了环境的装备。这就形成了相对应的产品设计、传达设计、环境设计，三大设计领域，如图1–2–2所示。

1. 环境设计

包括室内设计、建筑设计、环境空间设计、城乡规划设计、店面设计、交通布局设计等。环境设计的目的是设定使人类工作、活动方便而舒适的空间与环境。其最大的宗旨在于从群体的角度来考虑设计的合理性和效率性并兼顾美化功能，如图1–2–3所示。如室内和门面设计的美观性，城乡规划设计的合理性，交通布局设计的科学性及效率性等。

2. 传达设计

按传播的媒介可分为画刊、杂志、报纸、照片、海报、POP广告、电视、电影、无线电、各种展示会等。这方面的设计工作，主要是用于商业服务方面。也就是那些以促进商品销售为目的的用于广告宣传的展示设计。这些设计重点放在图面或画面上，即通过这些图面或画面的视觉功能来传播信息，达到促进商品流通、销售的作用，为商品增添附加价值，如图1–2–4所示。

图1-2-1　2016秋冬成熟女装设计企划案例——原味

3. 产品设计

二维的包括：织物设计、壁纸设计、挂毯设计、室内织物设计、地毯设计等。三维的包括：服装设计、工业产品设计、机械设计、家具设计、手工艺品设计等。

以上这些产品设计也可称之为商品设计，近代商品的发明、生产为人类提供了更加丰富的生活内容或工业生产设备。除了一些自然的产品以外，大部分都要经过工业的加工。这些制品的设计目的首先是实用，其次讲究美化。当然，不同的产品其侧重面也不一样，有的可能倾向于实用，有的可能更加侧重于审美。例如一台车床就不必过分的讲究美的效果，而室内织物用品则必须讲究其审美的艺术品位。

上述是三大设计领域中各自所包括的内容与属性。除了此三大设计领域以外，这里我们还要提到一类较为特殊的设计，即工艺设计。工艺设计与以上三大设计体系有着明显的差别，那就是它更加注重美学和艺术性。其特点是观赏价值远远超过实用价值，它所包括的种类有染织工艺设计、陶瓷工艺设计、漆器工艺设计、景泰蓝工艺设计、服装工艺设计等。

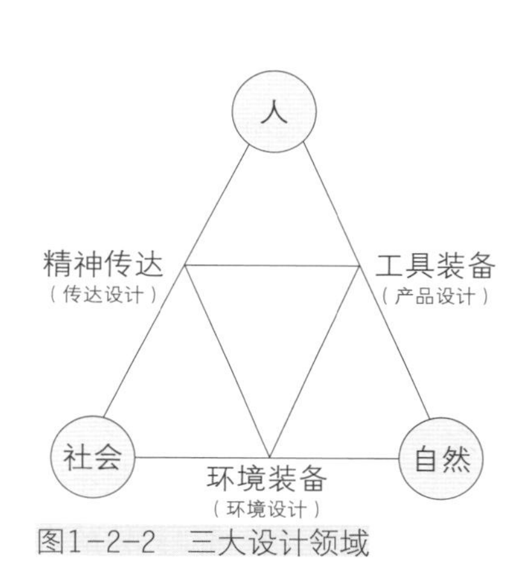

图1-2-2　三大设计领域

图1-2-3　平行木板——新兴室内设计趋势

图1-2-4　传达设计

工业产品设计虽然也要讲究美学价值，但美所起到的作用只是给产品添加了附加价值，产品的价格基本上还是依原料和制作成本而确定的。工艺设计产品的价格，则没有严格的核算标准，主要是看设计者的构思与技术表现所受欢迎的程度。例如一只陶瓶，其成本价值可能仅为几元钱，然而，当它经过工艺设计师的设计、烧制，在市场上大受欢迎时，它可能就会成为一件价值不菲的艺术品。

工艺设计除了上述特点外，与其他艺术设计门类相比较，还有另外一个不同的地方。那就是，作为一般设计，设计师和制造者是不同的人。例如，房屋的设计师并不一定非得是具体的建筑者，尽管他可能参与其中。但工艺设计师则不同，他必须自始至终地参与工艺品的制造，换句话说：工艺设计师也就是制作产品的技师。

二、设计发展的三个阶段

设计的历史是人类创造物质的历史，从它的发展过程中，我们可以明显地观察到它所经历的三个不同发展阶段。

第一阶段：即在只有工匠而没有设计意识和被称之为设计师的人还没有出现的农业革命以前。这一时期由于技术的落后，技能的进步非常缓慢，生活变化也很少。人们对生活中不适应的部分只能一点、一点地改良，逐渐使其完善。所以材料和加工方法在相当长的一段时间内是一定的，因而形成了从制作方法到使用方法一整套完整的模式，俗称“程式化加工时代”。这时的设计实质上是对这些模式的选择，在这些样式的框架中产生了夸耀高超技巧的装饰设计。

第二阶段：1765年在第一次爆发产业革命以后的工业社会中，与大工业生产方式相适应的设计就应运而生了。机械生产的设计方法和手工业时代的方法，在思考方向上有着本质性的区别。其从材料的选择到加工制造，从产品的销售、使用到废弃等一切要素都要进行有计划的考虑。即注重设计的系统性和体系性。这被称之为生产设计。它是人类历史上的第二个设计阶段，在这个阶段产生了设计师的名称。

第三阶段：随着科学技术的发展，物质生活水平的提高，人们开始追求生活的多样性，并寻找适合自己生活需要的有个性的设计，生活科学受到重视。与第二个阶段以生产为主的设计相比，这时进入了以满足消费者生活需求为主体的设计阶段。每个设计师，每个企业都必须站在消费者的立场上进行设计，设计充分体现在生活的每个方面和角度。这种由生活方法的个性化、自由化带来的设计多样化，被称之为生活设计。

以上三个阶段，即框架中的装饰性选择设计、生产设计、生活设计与科学技术的发展是分不开的。在高度发达的国家里，大多已进入到第三个阶段。而在发展中国家，则多处于第二个设计阶段。在一些落后的国家里，因贫穷有的仍然处在第一阶段里。当然这三个阶段，也因不同的设计领域而异。在那些技术革新发展迅速的机械生产领域中，多以生产设计为主，而在民用生活品生产的领域中，早已进入到生活设计阶段。但在有的领域直到今日，装饰设计依然发挥着极其重要的作用，如工艺美术行业便是如此。

三、服装设计的概念、发展及研究领域

1. 服装设计的概念

当我们了解了设计的概念以后，从属于设计体系范畴的服装设计，其概念也就应运而生了。服装设计的定义为：服装设计是服装设计师把构成服装的各个因素有机结合起来的组织过程。这是从理论总结中得出来的概念。如果从空间的角度来讲，我们也可以把服装设计理解为：服装是人体着装后的一种状态，服装设计即是这种状态的设计。它是一种创造，是样式的确立，是科学和艺术的结合，是素材的人化。

2. 服装设计的发展阶段

服装设计的发展如同设计的发展一样，同样也经历了三个不同的发展阶段。从服装的起源之说中我们可以看出，朴素而又原始的对于美的追求和实用目的是服装发展创立过程中一个至关重要的因素。在产业革命以前，由于科学技术的不发达和生产手段的落后，服装尚无法进行规格统一的批量生产。服装的加工制作也保持着一种相对原始与单调的方法。服装的样式是由手工艺者根据着装者的要求在个体作坊中定做完成的，也有的是由着装者根据一些既成的样式来加以选择购买穿用的。因而形成了在近代以前的历史中，服装的造型变化与发展总是相对缓慢。有的服装样式数十年不变，更有甚者百年以上亦不变。这就是服装单体加工，选择设计的初级阶段。

缝纫机的发明改变了服装生产加工的方法。缝纫机被搬进工厂，出现了成衣批量生产的新形式。这种变化促进人们改变了对传统服装的看法，也带来了设计方法的变革，使服装的发展步入了一个新的历史时期。

随着服装设计作为一门学科在产业革命的进程中逐渐独立出来，服装便进入到以高级时装设计为主体的设计时代。1850年，沃斯首先在法国巴黎开设了第一家高级时装店。以后随着各类不同的高级时装店的建立与发展，以先进的欧美各国为首，服装、特别是女装逐渐脱离了传统的样式，向着适合于工业时期的现代样式转变，即向轻装化方向发展。这一时期，也正是人类历史上科学技术空前发展，生产力水平迅速提高的一个重要阶段。各种新兴的纺织机械，印染技术被用于服装材料的加工，缝纫机也被搬进了工厂，并广泛地得到使用。这种巨大的变革，使得服装业蓬勃而又迅猛地发展起来。与此同时，西方对于服装设计学的研究和研究体系也在其他应用产品设计理论的基础上开始建立起来。例如：20世纪30年代维·伊·亚可伯逊就发表了《服装设计的基本美学因素》一书，并重点指出了，服装的设计应符合其比例、均衡、夸张、韵律和节奏的美学法则等。这种理论上的指导无疑对这一时期服装设计水平的提高起到了积极的推动作用。

自19世纪末到20世纪中叶，在欧洲形成了以法兰西文化为背景的上层社会宫廷服装设计的风格，并前后涌现出一大批世界著名的服装设计大师。如：

简·帕度（J•Patou）、苛苛·夏耐尔（G•Chanel）、夏帕瑞丽（E•Schiaparelli）、克里斯羌·迪奥尔（C•Dior）、巴伦夏加（C•Balenciaga）等。他们站在服装发展的最前沿，操纵着服装发展的方向，不断地推出一个又一个新的流行潮流。令人眼花缭乱，激动迷茫。人们无暇顾及自我，没有更多的选择余地，处于一种被动的随流行潮流而动的境地。这就是此一时期的特征，即由设计师来创造、操纵服装流行的产品生产设计阶段。

20世纪60年代。1968年5月，法国巴黎爆发了“五月革命”。这是由学生和工人掀起的一场反体制运动，这场运动对当时人们的意识形态是一个非常大的冲击和动摇。在时装界，以此为标志进入了高级成衣化时代。随着物质生活水平的提高，人们开始追求更多的自由和注重自我表现与个性张扬。这种生活方式的多样化带来了对服装样式多样化的新要求，流行不再为设计师所左右，而是由消费者自己来创造。每个设计师都必须站出来由消费者来选择，高级时装设计师的生意一度受到严重的威胁。迫使设计师们不得不重新考虑大众的意志，高级成衣业应运而生。成衣生产厂家也由原来的大批量生产，转变为小批量多品种的生产方式。服装的历史发展到了一个崭新的阶段，即生活设计阶段。

图1-2-5　2015/16秋冬 Dolce & Gabbana（杜嘉班纳）高级定制女装发布会

目前，这三种不同的服装设计阶段，也同样以各种不同的比例形式存在于不同的国家与地区，形成了不同风格的服装设计艺术，主要表现出以下三个风格。

（1）高级时装的艺术风格：美国心理学家马斯洛在他的需求动机理论中将人的需要按顺序列为7个等级，并且认为要形成高一级的需要必须先适当满足其低一级的需要。这7个等级是：生理的需要、安全的需要、相属关系和爱的需要、自尊的需要、认识的需要、美的需要、自我表现的需要。根据这个观点，服饰的实用性涵盖了第一级和第二级需要的内容，它满足的是人们最初级的基本需求，是服饰存在的依据。而服饰的审美性正是涵盖了第三级至第七级需要的内容，它是在满足身体的服用要求之上的必然追求，是表现心灵（这心灵包含了人们的生活观念、生活方式、思维方式以及自我表现、自我实现等一系列精神内容）的窗口，是人们在社会集团生活中以显示个性和审美趣味，维持社会秩序的重要方式。

服饰是一块特殊的画布，其功能结构完成后，工匠们就以绣嵌等手法将自己的美化想法添加到服饰上去，与服饰的使用功能关系不大，属于实用之外的审美添加。迪奥对于服饰在现代文明中所占有的位置曾做过极具哲学意义的讲解：“在这个机械化的时代中，时装是人性、个性与独立性之最后藏匿处之一……如果超越了衣、食、住这些所谓的单纯事实，我们说是奢华的话，那么文明正是一种奢华，而那是我们极力拥护的东西。”高级时装是一种艺术表现形式，就像电影、音乐和美术等艺术形式一样。但它又不等同于传统的艺术形式，而是多种艺术形式和现代工业、工艺技术的结合。高级时装的很多手工艺是人类文化遗产的一部分，它的存在意义不在于所创造的经济价值，而在于它体现了人类对于美的追求和创造力，并把优雅的精神传播到世界各地，影响着成衣的流行趋势。每年法国14个品牌的高级时装秀推出的都是下一季服饰的“概念”，而这些“概念”都会注入下一季的高级成衣当中。高级时装部门是整个服饰设计领域的心脏部门，研究创造新造型、新材料的一系列创造性的工作均在这里展开，如图1-2-5所示。皮尔·卡丹说过：“我在高级时装方面赔了不少钱，而我所以要继续搞下去的原因，是因为那是一所创意（IDEA）的大研究所。”

高级时装的设计是带有“创作”痕迹的一种艺术性的设计。“艺术取向的服装设计师”们以至善至美的式样、不计工本的精雕细刻体现了服装对于人的情感与魅力的展示。迪奥说过：“我之所以喜爱服装设计，只因为那是诗一样般的职业”。正如雕塑家全心全意地雕刻理想的人像一般，服装设计师将人性中最美、最具诱惑力的“奢华主题”予以具体呈现。法国女装工业协调委员会主席阿兰·萨尔法蒂就曾说过：“时装和绘画、音乐一样，也是一种艺术。设计大师追求的只是美的“效果”，属于纯粹的唯美派作风。”

（2）高级成衣的艺术风格：高级成衣设计的艺术含量得到服装学者充分的肯定。成衣设计是一种特殊的艺术，其创作过程是以实用价值美的法则所进行的艺术创造过程。这种实用美的追求是用专业的设计语言来进行的创造。设计产品中对美的追求，决定了设计中必然的艺术含量。虽然高级时装部门被誉为创意（IDEA）的大研究所，研究新造型、新材料的一系列创造性的工作均在这里展开，但由于其价格昂贵，消费者极少，故而高级时装秀上推出的概念只有注入相对价廉、受众广泛的高级成衣中才有流行的可能。

高级成衣既有别于设计师的高级时装作品，又不同于工业化的大众成衣。它相比大众成衣远为精致、严格的工艺使它可以较充分地表现设计师创作理念，而它相对低廉的造价使更多风格的尝试成为可能。高级时装昂贵的造价、极为耗时的手工、每年两场不少于50套的发布会，使得自身的存在更像一朵开在高岭上的奇葩，只能被远远地观望，如果一个设计师没有极大的财力作为阶梯，是不可能有机会攀折的。高级成衣虽然在很多方面延续了高级时装的传统，但它毕竟实现了工业化批量生产，降低了时尚圈的门槛，使更多有才华的设计师能够加入。随着各国设计师带着他们鲜活思想的进入，高级成衣的风格日益多样化，与当时艺术风潮的结合愈加紧密，国际化服装品牌前所未有的增多，从而形成了20世纪70~80年代高级成衣的黄金时代。它不仅令时装艺术得以在工业化时代发扬光大，而且丰富了工业化成衣的人文内涵。现代艺术设计思潮对服装的影响更多地体现在高级成衣上，例如波普艺术自它在20世纪50年代诞生起到21世纪初的今天，一直在高级成衣上有所体现。

（3）大众成衣的艺术风格：随着世界经济的全球化，尤其20世纪后半叶社会生产力极大发展，物质极大丰富，人们的价值观与审美观亦发生极大变化，这种适应现代社会生活方式的成衣时装大行其道，这种批量的时装生产方式成为服装业的主流。社会真正需求的设计是成衣时装，这样的设计师，他们被当时的西方媒体称为“1963年登场的新族类——成衣的设计者。他们为大众女性设计她们所希望的新服饰，而不再是为特定的妇女设计服装”。

廉价的大众成衣，是普通大众每个人都可以承担且有能力经常购置的，从而使紧随时尚潮流、抛弃过时服装这一可能得以实现，服装设计师的设计只有在大众的支持参与下才能形成最广泛的流行。同样，由于制造的低成本，服装设计公司可以大量制作出不同风格、款式的产品，同时也可以对最新的艺术设计思想、社会事件、文化思潮做出第一时间的反应，迅速推出一轮又一轮新的流行。大众成衣潮流变化迅速的特点决定了它的艺术风格必然是丰富多变、兼收并蓄的，它代表了最广泛的时代风貌和流行文化，无论这些是来自中产阶级、上流社会，还是来自底层街头民众、朋克、嬉皮士、波普、后现代、波西米亚、环保、反战、怀旧……这些主题都会在第一时间里体现在大众成衣的设计风格中。

总之，服装设计总是以它独特的物质性和精神性，反映着它所依存的一定时期的社会历史的某些方面，服装设计的发展也不能超越它的社会基础。

3. 服装设计的研究领域

服装设计是一门集艺术与科学为一体的新学科，它所涉及的范围非常广泛，如人类学、社会学、经济学、市场学、营销学、材料学、工艺学、宗教学、心理学、构成学、设计学、美术学、美学、哲学等诸多学科。由于服装设计具有这种多学科相互交融的特征，因此，对于它的研究一般可以从以下几个方面来进行。

（1）自然与社会属性的物质功能研究，它包括：地域性、季节性、时间性、社会制度、意识形态、传统观念、民族习俗、宗教信仰、生活方式等方面的内容。

（2）个体与群体审美属性的精神功能研究，它包括：性格特征、审美情趣、艺术素养、文化程度、生活状态、职业特点、个人嗜好等方面的内容。

（3）服装造型的设计规律与应用研究，它包括：人体构造、款式结构、色彩搭配、材料配制、样板设计、工艺排划、加工定型、贩卖销售、信息反馈等方面的内容。

第三节　服装美学及服装设计与艺术的关系

一、服装美学

美学一词源自于希腊语“Aistheis”，意思是指美的观感。此种解释或许稍有偏狭，因而，一般可广泛的定义为：美学经由人类观察所得美的形象，具有构成人类社会、文化系统的一部分意义，进一步产生人类美的感受。如通过特定人群所作的美的价值研究，称之为实验美学。而依据使用者的美感爱好，作为服装设计考虑的因素，把美学理论应用于实际的设计过程中，则成为衍生美学。

服装设计除了考虑到美的基础之外，还要考虑到使用者生理及心理需求的过程。事实证明，在此过程中，设计师主要通过创造产品的美学机能及使用机能来满足使用者心理上的需求。因此，美学对于服装设计具有不可忽视的重要意义。

1. 美学传达

如图1-3-1所示的关系，是美学传达的一种过程。服装设计师通过发布流行信息，以服装产品的形式发出信号，这一方向的传达作用被称为美学滋生或设计过程。而购买该服装的消费者，则是这一信息的接收人。这一步骤的传达作用，可称为美学消费或者使用过程。而通过对使用者美的爱好，包括外形、色彩、质料、风格作实验性的调查，又可提供给设计师，作为新产品设计开发的参考。

2. 服装的整体美

服装的整体美是指穿着者与衣服配合之下而产生

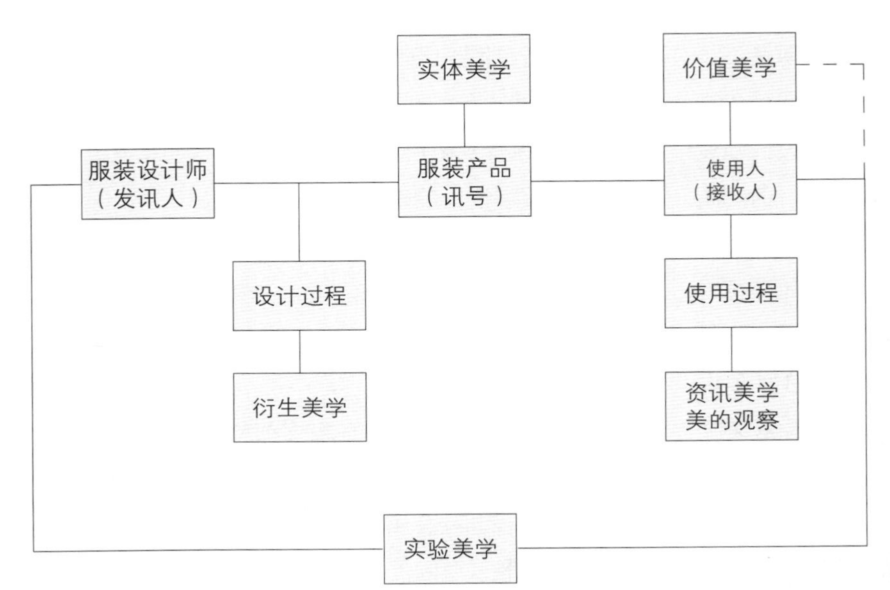

图1-3-1　美的传达方式与过程

图1-3-2 伊夫·圣罗朗时装设计作品

图1-3-3 2015/16三宅一生秋冬女装PLEATS PLEASE ISSEY MIYAKE（三宅之褶）

的美感。整体美，具体包括的内容如下：

（1）内在美：指个人气质涵养的表现。

（2）个性美：指个人性格的倾向。

（3）流行美：指外界爱好的倾向。

（4）外在美：又包括①姿态美：指身体与衣服配合所产生的美。②构成美：指形体与服装裁剪所构成的线条美。③质料美：指质料与布纹的美。④色彩美：指色彩与配色的美。⑤技巧美：指制作技术的美。⑥装饰美：指佩戴附属物时所衬托的美。⑦化妆美：指着装者化妆的美。

二、服装设计与艺术的关系

1. 服装设计与艺术

我们平常所看到或听到的艺术，实质上分为两大类：一类为纯艺术，如音乐、电影、戏剧、舞蹈、美术、文学等。它们都是为上层建筑意识形态服务的，即通过这样一些艺术形式来宣传国家的政策、法规、路线、方针等，以达到教育人、引导人的目的。另一类为实用艺术，如产品设计、工艺美术设计、广告设计、环境艺术设计等，它是为提高人类物质生活水平服务的。其特征首先是强调设计的实用性，然后再注重设计的艺术性，服装设计就从属于实用艺术的范畴。

以上两类艺术，无论是纯艺术还是实用艺术，它们的属性有很大一部分是相同的，因为艺术是没有界限的。服装设计艺术作为一门独立的艺术形式，同样会受到整个艺术链的影响，各种不同的艺术思潮或多或少都能从它的艺术表现形式中体现出来。例如：蒙德里安的抽象艺术、波普艺术都曾被伊夫·圣罗朗用于自己的时装设计作品中，如图1-3-2所示。软雕塑艺术也曾是日本著名服装设计师三宅一生非常热衷于表现的时装设计主题等，如图1-3-3所示。

服装设计跟其他艺术形式一样，是以追求美为目标的。设计师的任务，就是创造美观的服装款式，而不是以刺激、庸俗、不悦目的设计来当作创作的对象。那样，设计师就不会感受到创作的乐趣。就像爱美的艺术家，不情愿去做违背美的意志的工作一样。

服装设计是以布做素材，以人体为对象来进行创作的。从虚无的形象出发，设计师把浮现在内心的意念，孕育出计划，然后借助材料使其形象化。这种无中生有的创作过程，实质上与其他门类艺术家的创作过程是如出一辙的。设计师有时由于对纯艺术美的冲动，而引起美妙的构思，创造出具体化的时装作品；有时是摆脱了着装者的枷锁、放任想象的翅膀、自由的发挥，而创作出美的服装作品；也有时，是因为遇到一位美丽的姑娘或者见到一块漂亮的特殊材料，被其吸引激起了艺术创作的欲望，设计出了优秀的时装作品等。可见，服装设计师就是一个不折不扣的艺术家。

从空间的角度来看，服装是一种立体的艺术：从时间的角度来看，服装又是一种活动的艺术。它是用线条、色彩编织出来的交响乐、芭蕾舞。可以说，服装是综合了一切的艺术。自20世纪以来，像卜瓦乐、夏耐尔、史卡芭莱莉、迪奥尔等著名的国际时装设计大师、都被公认为是最具有生活魅力的艺术家。当然，把服装只看作是一件艺术品也是不完整的。服装设计如果忽略了实用性的机能美、生活美的存在，也是难以立足的。迪奥尔曾说过：“设计师不只是推敲构思就行了，而是要像导演一样，站在艺术创作的中心，包括使缝制者遵照自己的心意去做。”

2. 服装设计与其他实用艺术设计的关系

在前面我们讲了三大设计体系和工艺设计的特征。那么，服装设计与它们之间有着什么样的关系呢？是完全不同？还是有一定的内在联系？下面就让我们来分析一下。

（1）服装设计与空间环境设计的关系。我们知道人类既是构成自然环境的基本因素之一，又是构成社会环境的根本因素。服装作为人类生活和工作于这两大环境之中所必须的物质装备，伴随着人们存在于其中，组成了一道又一道亮丽的风景线，成为构成这两大环境的重要因素之一。环境设计是围绕着我们人类的生活空间所展开的，而服装设计则是直接把人作为了创作的对象，两者之间具有一种表与里的内在关联性。例如：相同的环境，不同的着装，会给人不同的感受。而相同的着装，不同的环境，同样也会造成人们不同的感受。因此，我们说：服装设计与空间环境设计是密不可分的互为相关，互为影响的连带组合关系。我们既可以把环境设计看成是服装设计的外延扩大。（房间的造型与色彩安排，可以根据房间主人平时所喜爱穿着的服装的造型特点和色彩搭配的情况来进行设计）；也可以把服装设计看成是环境设计外延的缩小。（把周围环境的特点提炼出来，用于服装设计的造型上等）。所以说，当我们在进行服装设计时，要考虑环境的因素。而在进行环境设计时，同样也要把人的着装因素考虑在内。服装设计即是空间环境设计的一个重要组成部分。

（2）服装设计与视觉传达设计的关系。从视觉传达设计的特征来看，服装本身也是一种传播媒介。就个人而言，在现代社会中人类着装一个很重要的目的，就是借助服装来展示自己的个性、爱好、社会地位、学识、修养、气质等，达到表现自我，宣传自己的作用，以满足精神上的需要。而从社会的角度来讲，不同的行业、团体穿上统一的服装。可以利用服装的媒介作用，达到突出其不同行业的形象特征，显示其不俗实力，增加企业职工的归属感，提高企业凝聚力，树立良好的社会形象等方面的目的。从而形成广而告之的局面，使之产生出良好的社会效应。另外，服装作为一种传播媒介还可以成为企业促进产品销售的重要手段。例如：现代许多大的服装公司都在利用服装表演的展示传达方式，向顾客与客户介绍自己的企业、产品，以达到宣传企业，推销产品，增加订单的目的。因此，可以说服装设计本身就是一种视觉传达设计。

（3）服装设计与产品设计的关系。服装只是人类生活当中所需产品的一类，因此，服装设计也就成为众多产品设计中的一个组成部分。所以，产品设计的一切属性都应体现在服装设计中。例如：先实用，后美观的原则，也是服装设计所必须遵守的。所以服装设计，即是产品设计。

（4）服装设计与工艺设计的关系。应当讲：服装设计是服装工艺设计的前提，服装工艺设计对服装设计有补充和完善的功能作用。任何一款服装设计，最终都必须借助工艺的制作来完成，否则，最佳的服装设计也只是空中楼阁。因此，服装工艺设计是保证服装设计能否顺利实现的根本所在，它们二者之间的关系是密不可分的互为一体关系。

综上所述：服装设计是集各类艺术设计为一身的综合体，即一门新的综合艺术。因此，这就要求作为服装设计人员，必须具备科学的观念和艺术的修养。

第四节　服装设计师应具备的知识素养

服装设计是一门以理论为指导的实践科学，要成为一名合格的服装设计人员，就必须具备以下的知识素养。

一、优良的美感

具备优良的审美能力是服装设计师最基本的素质条件，特别是对形体的美感、色彩的美感，材料的美感的认识尤为重要，因为款型、色彩、材料是构成服装的三大要素。

二、掌握穿着知识

掌握穿着知识是服装设计的前提。因为当我们设计服装时，无论在什么情况下，总是要以穿着对象为先决条件的。尤其在工业化成衣大量生产的今天，更需要先将穿着者的类型加以定位，然后再设计生产出适合这一类型的服装。如所谓的休闲装、少女装、孕妇装、淑女装、童装等，都是依据这样的原则来划分类别与生产风格的。另外，每一种风格的衣服，尚有年龄、职业等不同的区别。因而，对于服装设计师来讲，这些都是不容忽视的问题，必须要对穿着的知识有足够的认识。包括研究和掌握“三穿”知识，即谁来穿、能不能穿、敢不敢穿。

（1）谁来穿：指穿着者的年龄、身份、地位。

（2）能不能穿：指穿着者的体型、肤色、场合、环境。

（3）敢不敢穿：指穿着者的思想、个性、倾向、背景。

三、掌握人体知识

人体是服装设计的对象，对人体知识掌握的熟知程度直接决定了设计师所设计的服装能否满足人体机能的需求，它是影响服装设计成败的关键因素之一。对人体知识的认识主要包括以下三个部分：

（1）对人体构造的认识。

（2）对人体比例的认识。

（3）对人体个性与穿着分析的认识。

四、掌握衣服知识

衣服是设计的内容和结果，是形体、色彩、衣料三者的综合体。因此，要成为服装设计师，就必须学习和掌握有关衣服的知识内容。具体包括以下三个部分：

（1）对衣服色彩的认识与掌握（色彩学与配色学）。

（2）对衣服材料的认识与掌握（纺织材料学）。

（3）对衣服造型的认识和掌握（结构、裁剪、缝制技巧）。

五、掌握服装史

服装史是人类衣生活发展演变的记录，也是一定地域、社会集团的风俗史，是人类生活史中的一个重要组成部分。掌握和了解服装的历史对于服装设计师来讲具有以下三种功用：

（1）理解今日服装形成的原因。

（2）从中得到设计灵感的启示。

（3）帮助分析和掌握今后服装流行的趋势。

六、精通服装设计图

服装设计图是服装设计师的语言，是服装生产企业产品生产的依据。作为一名成功的服装设计师能够准确地把自己的意念表达出来，具有熟练的服装款式表现技巧，是最重要的，而且也是必须具备的技能之一。

练习与思考

1. 简述服装与时装、成衣的区别。
2. 简述设计的分类。
3. 为什么说服装设计是一门新的综合性艺术设计的科学？

第二章 现代服装设计的美学原理

现代服装设计整体美感的产生，离不开它具体的构成要素和美的形式法则，掌握这些美学原理是保障顺利完成服装设计工作的基础。

第一节 点、线、面的造型方法

点、线、面是构成服装形态的基本要素，这些构成要素在服装造型上既可以表现为不可视的抽象形态，也可以表现为可视的具体形态。它们是服装造型设计的组织依据。

一、关于点

点是游荡在空间没有长短、宽度和深度的零次元非物质存在形式，是具有最小极限性格的虚的世界的东西。虽然它有位置，但没有大小。产生于线的界限、端点和交差点上，是最小的基本形态。当我们为了表示点，把它在版面上具象化以后，它就变为可视形态，使我们可以直观地感受到它的存在。

点的大小是相对的，没有统一的规则，完全视其所处的环境。在造型艺术中，一个点可以集中人的视线，两个点可以表示距离、方向，三个点就可以引导人的视线产生游动。当点等距离排列时会给人一种秩序感、系列感，而如果把点一个比一个大或者一个比一个远的进行排列时，又会使人产生一种节奏感和韵律感，如图2–1–1所示。因此，不同的点、不同的形式，不同组合的排列，都会使人获得不同的视觉感受，如图2–1–2所示。

在服装款式设计中，点一般有以下两种应用形式。

1．作为求心形态出现在服装上

这种造型方法是服装款式设计中强调和点缀的主要表现形式。其作用可使服装的某一部分特别突出醒目或使整款服装在造型上达到上下呼应，左右平衡的视觉效果。从而实现组合美化服装的目的。最常用的表现形式是首饰和纽扣。

（1）首饰：首饰在服装设计中，是经常作为点缀形式出现的。如簪花、耳环、项链、胸针等。当一款服装在造型设计上出现不平衡或需要呼应时，我们就可以发挥首饰的作用，对服装进行添补和修正，使之产生视觉上的平衡感达到美化的目的，如图2–1–3所示。例如，当一位女士身着一件华美的晚礼服时，

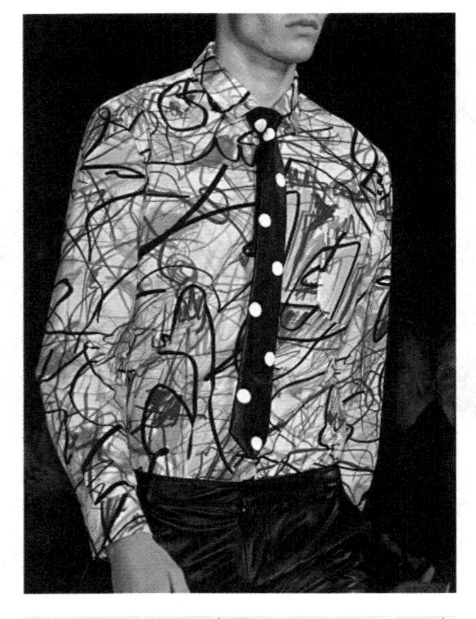

图2-1-1 2016春夏Jeremy Scott（杰瑞米·斯科特）纽约男装发布会细节

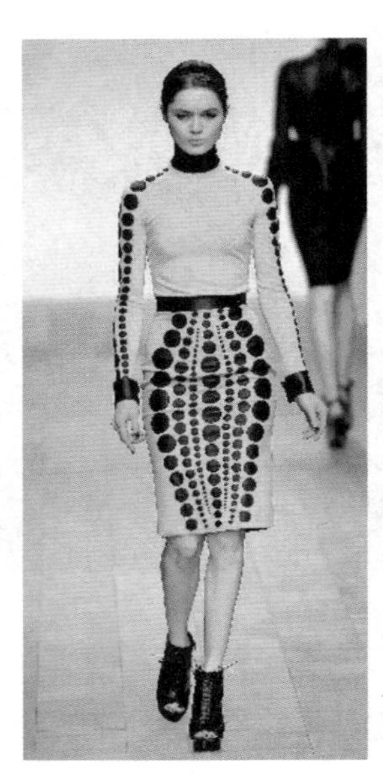

图2-1-2 点的运用

图2-1-3 Antonio Marras（安东尼奥·马拉斯）2016春夏女装

2-1-4 Elie Saab（艾莉·萨博）2016春夏高定发布

就需要佩戴无论在色彩还是在造型等方面都要与衣服相适应的首饰。否则，就会给人一种不完整的缺憾感，如图2-1-4所示。

（2）纽扣：纽扣在服装造型上的运用是非常讲究的，使用得好，往往能够起到“画龙点睛”的作用。例如：当我们在一件衣服上只设计一枚与衣服在材质和色彩上处于对比状态的纽扣时，它就会形成一种求心形态。成为此款衣服设计的视点中心，起到强调和突出此部位的作用。而当我们在一套服装上，设计组合排列三枚或四枚与衣服同质的扣子时，它就会形成一种视觉上的节奏感，起到活跃整套服装的作用，如图2-1-5所示。

如上所述，无论是纽扣还是首饰，作为点的应用处理，有着各种各样的方法。如果说能在平时的设计训练中加以不同的练习与研讨，相信对今后的设计工作一定能够起到事半功倍的作用。

2. 作为衔接点出现在服装的造型上

在服装款式的设计过程中，我们通常采用的方法

图2-1-5 2016春夏Versus（范瑟丝）伦敦女装发布会

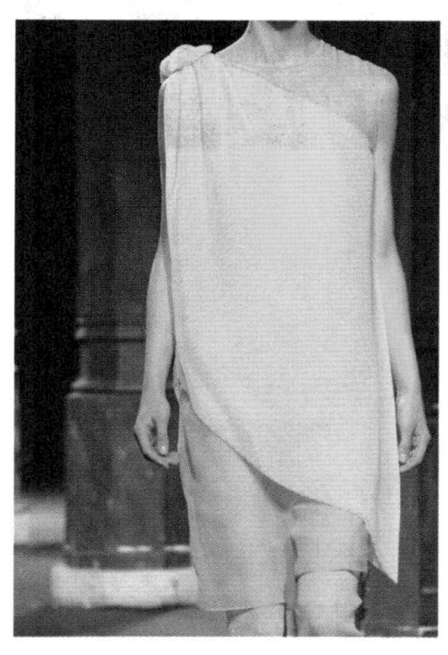

图2-1-6 Vionnet（薇欧奈）2016春夏巴黎女装发布会细节

就是在服装的轮廓线上设点。如在服装的肩部、腰部、下摆及裙摆等处。衔接这些点，就可以对服装的廓型进行具体的分割。当去除多余部分，再经过局部的调整和充实，就成为完整的服装款式外型了，如图2-1-6所示。另外，在服装款式的内部结构设计中，同样也可以采用这种设点的方法来进行。如安排衣领的大小、口袋的高低、门襟的长短等。

当然，在这些点的设置过程中，我们也要考虑到它的机能性与实效性，应尽量的做到，简洁、醒目、科学、合理，使之衔接起来，方便、快捷、突出提高款式设计的成功率。

二、关于线

线是点的移动轨迹，它存在于面的界线，面的交叉处和面的切口处。是没有面积，没有长度、深度和宽度的一次元存在形式。当我们把它作为可视形态时，其宽度一定要短于长度。与点相同，线的粗细、长短也是相对的，完全依其所处的环境而定。服装设计就是通过线条的组合而完成的，线条应用得是否恰当、合理决定了设计的成败，如图2-1-7所示。在服装款式的造型中，常用的线型共有五种。即：垂直线、水平线、斜线、曲线和断续线。

1．垂直线

垂直线是一种非常单纯的直线，它能够诱导人的视线延其所指的方向上下游动，是具体体现修长感的服装造型的最佳线型。视其所用的方法，会给人以苗条、显得细长，冷、硬、清晰、单纯、轻快、强劲、理性等不同的感觉。在服装造型上，常表现为：屏形开口线、搭门线、剪接成垂直状的裙子接片、口袋

图2-1-7 Loris Azzaro（罗瑞斯·阿莎露）2015/16秋冬巴黎女装高级定制发布会

线、垂直的裙褶线等。

2. 水平线

水平线是一种呈横向运动的线型，给人以硬、强、宽、安定、重、冷、沉着、理性的感觉，在服装造型中多用于横向的结构分割。如育克线、复司线、横剪接线，上衣和裙子的底摆线、方形颈围线、腰节线、口袋线、横条纹线等，是男装上的常用线。

3. 斜线

斜线是一种能够引起人的心理产生不安和复杂变化的线型。常给人以活泼、混淆、不稳定，轻、显的较长的感觉。在服装造型中，一般表现为：勒佩尔线、V字形颈围线、倾斜的开口线、倾斜的剪接线、倾斜的普力姿褶，裙摆展开的肋线以及波褶线等，多用于裙装。

4. 曲线

曲线是一种极具韵味的线型。能使人产生温和、女性化、优美、温暖、柔弱、苗条、立体的感受。在服装设计中，多用于女装的造型。常以颈围线、臂孔线、剪接线、圆帽线、曲线状口袋等方式出现。

5. 断续线

断续线是一种特殊的造型线，与直线相比显得更加柔软、温和，给人以含蓄、跳跃、活泼的不同感受。在服装的造型中，常表现于纽扣的排列、手缝修饰和人工刺绣等方面，多用于童装和女装上。

从以上我们所谈到的这五种线型可以看出，单纯的一条线即能引起人们的心理变化。而我们所进行的款式设计工作，则是凭借不同的线型的交叉组合来完成的，如图2-1-8所示。因此，掌握上述五种线型在不同的组合情况下，会产生什

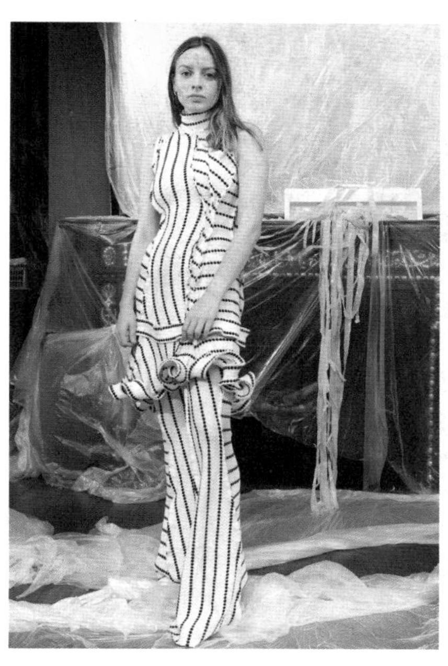

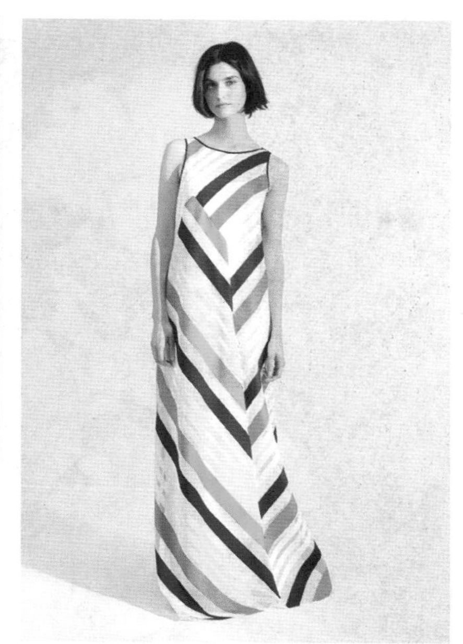

图2-1-8　不同线型的组合运用Paule Ka（保罗·卡）2016早春巴黎女装发布会

图2-1-9　角在服装设计中的应用

么样的变化，引起人们什么样的心理反应，是我们必须在设计的实践过程中要予以认真练习的课题。

线型的不同组合练习包括以下几个方面：

（1）垂直线与水平线的组合练习。

（2）直线与曲线的组合练习。

（3）斜线的交叉练习。

（4）斜线与曲线的组合练习。

（5）直线与断续线的组合练习。

（6）曲线与断续线组合练习。

（7）五种线型的混合组织练习。

除了上述线的组合以外，线与线相交所形成的角度问题，也是我们在设计过程中应予以考虑的问题，如图2-1-9所示。角的种类共有三种形式：即锐角、钝角、直角。

图2-1-10 2015春夏Comme des garcons（川久保玲）巴黎女装发布会

（1）锐角：指两线相交所形成的小于90度的夹角。其特征是角度越小，越有锐利和速度的感觉，并且使线条强有力的集中，产生律动感。锐角用在设计上常表现为：领口、开口、裙子的褶裥以及剪接线等，是时尚性服装常用的造型形式。

（2）钝角：当角度逐渐展开，越过直角时，就成为钝角。钝角给人一种平静、安定的感觉。常用于男装、中老年装以及生活装的设计上。

（3）直角：即指90度的角，是各类夹角中较为特殊的一个。直角象征安定、屹立、固执、坚硬、沉着、结实和重量感，是服装款式设计中常用的一种造型方式。如；领口、口袋、夹克等。

三、关于面

面是线的移动轨迹，是立体的界限，是有边的上下左右有一定广度的二次元空间。如我们把一个方形切开，就会产生新的面。而当许多线集中于一点，其密度增大到一定数量时也会产生面。面在视野上是通过线围起来的，被围起的部分叫做领域。即：领域存在着轮廓线。如果用线围起来的部分被别的轮廓线所侵占，就产生了新的领域，这两个领域之间就会形成不同的内容。从空间的角度来讲，服装就是由多个不同的平面相互连接而成，如图2-1-10所示。

在服装设计中面的运用基本包括两种形式，即平面与曲面。

1. 平面

平面是由直线的运动而产生的，一般分为规整平面和不规整平面，它们是构成服装款式的基本形态之一。在规整的平面中，既包括方形、三角形和圆形，也包括由各种有规律的几何曲线所构成的平面。

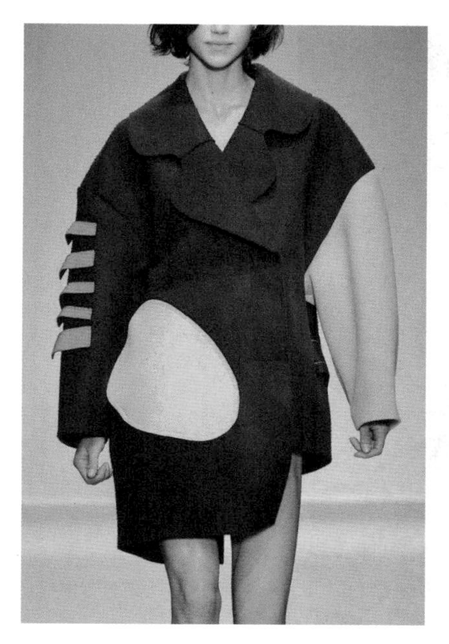

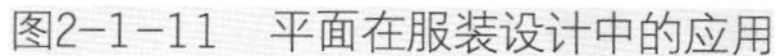

图2-1-11 平面在服装设计中的应用

图2-1-12 不规整平面在服装款式中的应用

规整平面，虽然外观整齐、规范，但不同的形面仍然会给人留下各种不同的印象。方形可以使人产生稳定、沉着和有序的感觉：三角形视其三个角的不同变化，而给人以不同的感受。既有锐利感和不安定感，也有稳定感和广阔感。而圆形（含椭圆形）则会使人产生光明、丰满、温暖的感觉。另外，由几何曲线构成的形面所形成的韵律感，还能创造出一种柔美的视觉效果，如图2–1–11所示。

以上所述各种不同形面在服装造型上均有着不同程度的体现。服装设计师正是合理地应用了这些不同形面的特点，并巧妙地把它们结合起来，而创造出许许多多风格迥异，千变万化的新式样。

在不规整平面中，既有以直线组合而成的平面，也有以曲线组合而成的平面。直线平面的特征：明快、外露、节奏感强。曲线平面的特征：含蓄、自由，意味十足。在服装的款式设计中，这种不规整的平面常常被作为装饰的手段而被加以运用。它同样也起着丰富内容，突出主体的作用，如图2–1–12所示。

2. 曲面

曲面是通过曲线的运动而产生的，一般分为规整曲面和不规整曲面两种。

规整曲面有：柱面、球面、锥面等。不规整曲面指的是各类自由形的曲面，它们也是构成服装款式的基本形态之一，如图2–1–13所示。

我们知道，人体的外部形态是由各种不同的曲面所组成的，而服装又是以人体为对象来进行创作的。因此，服装的造型理应是由各种不同的曲面所组成的。换句话来讲，服装就是由各种不同的平面材料，通过工艺的加工处理，使之曲面化，然后穿着在人体上形成立体造型的，如图2–1–14所示。

图2-1-13 规整曲面在服装款式中的应用

图2-1-14 不同曲面组成的服装造型

综上所述，服装的造型是立体的，而这种立体的现象又是通过各种不同的点、线分割各种形面，然后经过加工缝合而产生的。因此，服装设计离不开这些因素，而且对于上述这些因素的特征、属性以及组合变化的方法，掌握和运用的是否熟练，也是衡量一个服装设计师水平高低的标准之一。

第二节　服装形式美的构成法则

服装是人类重要的审美对象之一。在长期的生活实践中，人们通过不断的创造新的服装式样，逐步发现了一些与其他艺术门类相通的形式法则，即形式美的法则。这些法则对于提高我们的设计水平，规范我们的设计思路具有极高的指导意义。它们是：比例、平衡、韵律、强调、调和与统一。

一、比例

比例乃是相互关系的定则，用以比较物与物之间面积的大小、线条的长短、数量的多少，以及程度深浅的关系。

关于比例的研究共有两种形式：即自然性的科学研究和传达视觉美感的艺术研究。其研究的方式有三种，（1）百分比法（自然性科学研究）；（2）黄金比例法（艺术类研究）；（3）基准法（艺用人体研究）。对于服装设计来讲，我们所应用与研究的比例关系是从属于传达视觉美感的艺术研究。

众所周知，人类对于比例的认识，历史非常久远。在古希腊时期，人们就能依据比例的法则来建筑各种各样的神殿。如：举世瞩目的巴特农神庙就是典型的实例。古希腊人创立的黄金分割率（1：1.618）至今仍然被人们推崇为是最美的比例。例如：被人们公认为是古希腊女神雕像中最完美的“维纳斯”就是完全按照这个比例关系创作出来的，如图2-2-1所示。“维纳斯”总身高为8个头长，头占总身高的1/8。从头顶到腰间为3个头长；从腰间到膝关节为3个头长；而从膝关节到足底为2个头长；如果以腰节线为基准线，上身与下身成为3/8比5/8，等于3：5，正好符合黄金比率。

黄金分割法中最简单的是直线分割。画任何一条垂直线或水平线。将其8等分，取其3/8与5/8而分配即是黄金分割，如图2-2-2所示。

黄金分割应用于服装设计中，同样也能取得非常好的视觉效果。例如：我们以一件连衣裙背长40cm为上衣的基准线，而求其符合黄金分割的裙子的长

图2-2-1　古希腊女神雕像“维纳斯”

图2-2-2　黄金分割1：1.618

度。计算方法如下：

设定上衣的尺寸（40cm）为1，按照黄金比率，裙子的长度为上衣长度的1.618倍。即40×1.618≈64.7（cm），裙子的长度就等于64.7cm，而整件连衣裙的黄金分割即为40：64.7，是一件完美的比例造型。一般来讲，一套服装上的袖子、领子等也都可以按照此种方法来进行比例的设计安排，如图2-2-3所示。

当然，相对于整个服装设计而言，仅以黄金比例的分割方法来进行设计是远远不够的，而且也是机械的。因为，服装的比例是由人体、衣服、饰品等多方面因素所构成的。所以，对于服装设计来讲，其比例关系主要还是体现在以下几个方面。

1. 服装各局部造型与整体造型的比例关系

在服装的款式造型中，只有当构成整款服装造型的各局部均能够按相应的秩序在面积的大小，线形的长短等方面做到比例安排恰当时，才能创造出一个令人赏心悦目的款式造型来。这里面包括：腰节线位置的高低；领形与衣身的大小；剪接线的位置与长短；上衣长与下装长的关系；纽扣的大小，数量的多少等方面。

2. 服装造型与人体的比例关系

当人体着装后所形成的比例关系是整体造型感觉最直观的，如果不能妥当的安排好其比例的配置，势必将影响整款服装最后的造型效果。这种比例关系主要体现在以下三个方面：

（1）各类上衣与身长的关系。

（2）上衣、裙子与人体的关系。

（3）服装的围度与人体的关系。

我们就以服装的围度与人体的关系为例：如果一个体形瘦小的人穿上一件非常宽大的衣服，就会产生一种喜剧的效果，而不由得使人联想起马戏团里的小丑。这种比例的配制如果是为了表演特定的人物，可算得上一件好的作品，但如果在现实生活中，它可能就是一件失败的作品。

图2-2-3　黄金分割应用于服装设计

3. 服饰配件与人体的比例关系

服饰配件与人体的比例关系在服装设计中也是一个不容忽视的要素，如果处理不好同样也会影响整个服装造型。它包括：各类首饰、帽子、皮包、鞋、靴等结构的大小与人体高矮胖瘦的比例关系。例如：一般意义上讲，身体高大魁梧的人理应佩戴大的、风格相对粗犷的饰品，而身体娇小的人则应佩戴小的、风格相对精细的饰品等。

另外，服装的外形是随着时代的变化而变化的，比例也应视当时的潮流而定，有时人们可能喜欢在服装款式上选择那些近似于黄金比的配制。如，3：4，2：2，2：5等；也有时人们可能会选择那些远离黄金比的配制，如1：10，1：7，2：8等。所以，作为一名服装设计师更需

图2-2-4 Reneevon（芮妮芬）2015秋冬新款女装

要具备对新比例的敏锐直觉，如图2-2-4所示。

二、平衡

所谓平衡，乃是源于天平两端的重量相等，秤杆才能保持水平状态的现象，即指均衡的意思。在服装造型的构成中有了平衡，才能使人有一种沉着、安定、平稳的感觉。平衡有两种，一是对称平衡，二是不对称平衡。

1. 对称平衡

左右完全平衡者，称之为对称平衡。意思是指，只要顺着想象的中心线折过来，对称的双方就会完全吻合。这种构成形式，无论是在传统造型艺术中，还是现代造型艺术中，都被广泛地运用着。诸如建筑、家具、陶瓷等。天安门城楼的建筑造型，就是沿正中线左右完全对称的典型代表。在服装造型中，对称平衡的服装显得端庄、爽直，最适合应用于正式的礼仪性活动场所或工作时穿用，如图2-2-5所示。如晚礼服、婚纱礼服、中山装、猎装等。但这种平衡在设计时如处理不好，会容易让人产生一种单调、平凡、缺少变化的感觉。

2. 不对称平衡

左右不对称、但通过调整力与轴的距离，而使人感觉到有一种内在的平衡，叫做不对称平衡。不对称平衡的设计是现代造型艺术中常用的一种形式手法。在服装款式上，常被用于一些时尚的设计中，如前开口交叉的颈围线，衣侧的瑞卜褶、侧分割的结构线，以及烘托容貌的侧面帽等。这种方法，虽然在具体的设计中不易掌握，但如果处理得当，线型却会更加富于变化，显得柔和优雅，非常适合活泼、华丽气氛的服装造型，如图2-2-6所示。

三、韵律

所谓韵律，在造型设计上被称之为节奏或律动。它的特点就是把一个视觉单位，让其有规则地反复出现，使之产生出一种视觉上的连续感，这种连续感所形成的律动，就被称之为韵律，如图2-2-7所示。在服装设计中韵律的表现形式共有四种，它包括：反复韵律、阶层韵律、流线韵律和放射

图2-2-5 Galia Lahav（加利亚·拉哈夫）2015/16秋冬女装婚纱系列广告海报

韵律。

1. 反复韵律

反复韵律共有以下几种类型：

（1）有规则的反复韵律：以同一形体的重复而产生的韵律。

（2）无规则的反复韵律：以不同的形体重复而产生的韵律。

（3）曲线的反复韵律：以曲线的反复来表现出的韵律。

（4）直线的反复韵律：以直线的反复来表现出的韵律。

（5）色彩反复韵律：以色彩的反复来表现出韵律。

（6）形的反复韵律：以形的反复来表现出的韵律。

2. 阶层韵律

阶层韵律共有两种类型：

（1）阶层渐增韵律：以阶层由小逐渐扩大来表现出的韵律。

（2）阶层渐减韵律：以阶层由大逐渐缩小来表现出的韵律。如：衣服下摆的花形，下面的最大，逐渐向上而缩小。

3. 流线韵律

流线韵律仅一种类型，即以流线来表现的韵律。如新娘头上戴的婚纱所形成的韵律。

4. 放射韵律

放射韵律也仅有一种类型，即以放射线来表现的韵律。如由领口或腰部做拉细褶处理而产生的韵律。

图2-2-6 腰部不规则褶裥、衣侧的开叉、裙子侧分割的不对称设计 Dior（迪奥）2015春夏巴黎秀场

图2-2-7 2014/15 Vionnet（薇欧奈）秋冬女装

四、强调

所谓强调，仍是加强特殊力量，着重于服装的某一部分，使其特别突出醒目的意思。

强调优点，隐藏缺点是人们穿衣的目的之一。缺乏强调的服装会使人感到平淡无味，但强调过度则易使服装流于庸俗。因此，强调的适量是服装设计中应主要掌握的知识。一般来讲，在一件衣服上强调的点不宜过多，以一处或两处为宜，多了就失去了强调的意义。俗语讲："多中心则无中心"。

1. 强调的部位

强调的部位在服装造型中，一般以人的三围线为主，即：胸、腰、臀三围。另外还包括头、颈、背等部位。

（1）强调头部：可以将人的视线上引，使着装者显得高贵、向上。

（2）强调颈部：可使人显得秀美、优雅、亲切。

（3）强调肩部：可使人有一种庄重、威严、安全的感觉。

图2-2-8 强调在服装设计中的应用 Issey Miyake（三宅一生）2016春夏女装

（4）强调胸部：可使人显得妩媚、娇柔、温暖。

（5）强调臀部：可使人充分展示人体的曲线美。

（6）强调背部：可使人充分展示人体的肤色美。

2. 强调的方法

在服装设计中，设计师常利用线条、色彩、材料、剪接线、装饰线、纽扣、花边、装饰品等作为强调的手段来对服装进行强调，如图2-2-8所示。

（1）利用线条强调：应用各种褶子的车缉线，在剪接线上车压线或装饰线，使平淡的布料因这些装饰线而显得生动，显示出线条的美感。

（2）利用色彩强调：利用颜色的色相、明暗、深浅的对照排列来强调。

（3）利用材料强调：利用材料不同的质地进行强调。例如：丝绸面料的晚装设计，用羽毛在胸部进行装饰、强调，就显得别致、典雅而富有情趣。

（4）利用剪接线强调：利用新颖的剪接线或者是部分空间的暴露，而制造出潇洒的设计，可使服装有一种新颖时尚的美感。

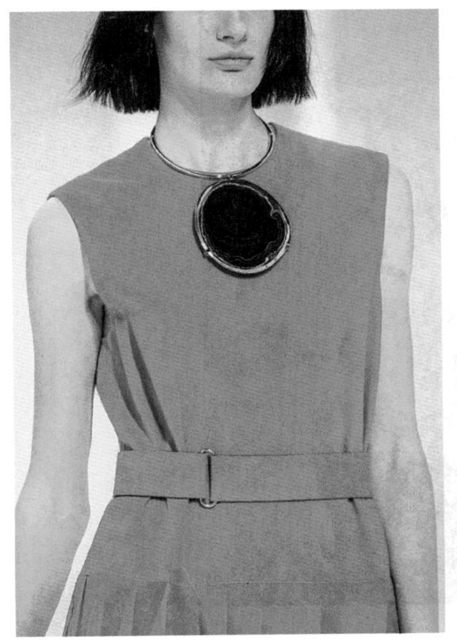

图2-2-9 利用装饰品强调

（5）利用附属品强调：

如：纽扣、拉链、花边、镶边、腰带、领带、帽子、手套、鞋、围巾等，都可以作为强调的手段来加以利用。

（6）利用装饰品强调：

如：别针、造花、耳环等首饰，以及眼镜、羽毛、扇子、手提包等也都可以作为强调的手段，在设计中加以运用，如图2-2-9所示。

3. 强调与比例的关系

在服装设计中，强调的比例安排应根据强调的部位和强调所采用的手段来进行合理的布置，如图2-2-10所示。

（1）色彩强调的比例关系：用色彩强调，强调的颜色比例应占用小的面积，而弱的颜色比例应占用大的面积，这样才能主次鲜明，真正起到强调的作用。

（2）材料强调的比例关系：用材料强调，强调的材料比例同样也要占小的面积，这样才能在与大面积材料对比的过程中，形成一种突出、醒目的现象，从而达到强调的目的。

（3）装饰品强调的比例关系：装饰品的大小应与人的形体成正比，在强调比例安排时，体形高大者宜佩戴大的装饰品，反之，就应佩戴小巧玲珑的装饰品。

五、调和与统一

调和与统一可以说是一个内容的表与里，两者意义十分近似。当一个事物的内部构成因素都相互调和时，那么，这个事物的外在特征一定是统一的。调和与统一是设计的基础，也是美的根本所在。凡是优秀的设计作品无不是统一和谐的，看起来令人赏心悦目的，如图2-2-11所示。

在服装设计方面，调和含有愉快、舒畅的意思；统一含有完整的、完成的、整体的意思。调和的方法共分三种。

1. 相似调和（类似调和）

指相互类似的物体组合在一起，所取得的调和。这是一种容易取得调和的设计方法，但是如果处理不当，也会出现缺乏变化，显得过于平淡的现象。

2. 相异调和（对比调和）

指相异的物体组合在一起所取得的调和。这是一种不易取得调和的设计方法，但是如果处理得好，就会形成新鲜、富于变化的调和现象；而如果处理不好，则容易给人刺激，令人生厌。

图2-2-10 强调与比例的关系

图2-2-11 调和与统一

3. 标准调和

以上两种调和均有其优势，因此标准调和就是取二者之长，既在类似中制造对比的要素，又在对比中以类似求其安定和谐。有了安定和谐才能产生一致的效果，有了一致的效果，才能有统一的效果表现。

第三节　视错现象及利用

一、视错现象

视错觉应被理解为人对物体的一种直接的视觉印象，而这种视觉与人的其他感觉形式和人对物体总的认识是不相符合的。

视错觉本身并不具备美学意义，它只是能够强化其他的审美因素，也就是说，它只会起到辅助的作用。产生错视现象出自不同的缘故，一般可分为三种类型。

（1）物理原因：它是由于光的反射或折射所引起的。例如，我们看到插入水杯中的匙子有折断的感觉。

（2）生理原因：它取决于人的眼睛的构造。例如，在视域范围内，视觉对不同点的敏感程度是不同的。距离近的感到清晰，而距离远的就感到模糊。

（3）心理原因：它包含对物体的完整认识，注意力的方向性和受到以往经验的影响等。例如：由于人们长时期地对于某一事物已经形成了习惯性的认识，明知是不对的，但从心理上不愿意对其进行重新的认识。再例如：当人们看到蛇或者老鼠时，大都会产生一种厌恶的心理感觉。

二、视错在服装上的应用

在服装设计中与服装有直接关系的视错觉，主要来自于人们的生理原因和心理原因两个方面。它们涉及色彩、线向、角度、尺度、形状、面积及距离估计失误等方面。具体应用包括以下几个部分。

1. 分割的视错

是指利用给服装款式增添条纹或者配上分割线后，而得到的一种特殊的视错觉。这种视错觉在设计中是可以灵活运用的，完全视我们所要达到的目的来设置分割线条的多少。从图2-3-1中，我们可以看出，同样的服装廓型，在进行不同的分割后，所形成的视觉效果完全不一样。图中（a）显得简洁、修长；（b）理智，略比（a）显宽；（c）则比（a）、（b）显得都宽，而且个性也相对较弱。可见，视错觉有一种变化的相对性。

当服装款式被分割成许多部分时，它那分割的性质、分割得来的体积，以及它们的相互关系，都是非常重要的。分割可以是均等分割，也可以是不均等分割。在第一种情况中，平稳渐变的过渡可形成一种高度感；而在第二种情况中，形体看起来就显得矮短，如图2-3-2所示。

2. 角度与方向的错视

它是通过线的位置、角度或交叉的变化而引起的服装造型上的视错觉。我们知道，线条本身具有一种方向性的视觉诱导作用，当线与线相交时又会形成不同的角度。前面我们讲过：服装款式的设计是通过线条的组织来完成的，线条应用得是否合理，

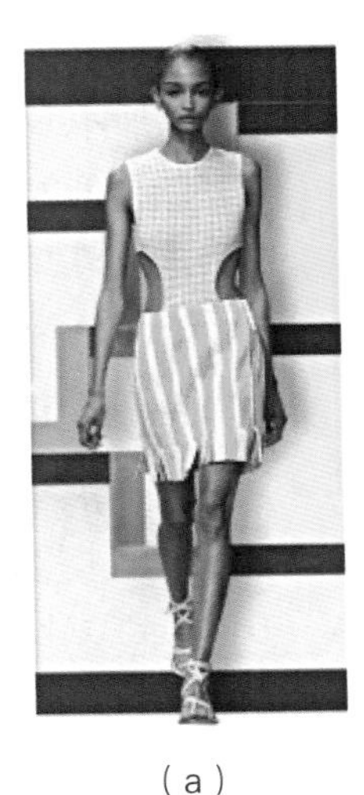
（a）

（b）

（c）

图2-3-1 分割的视错

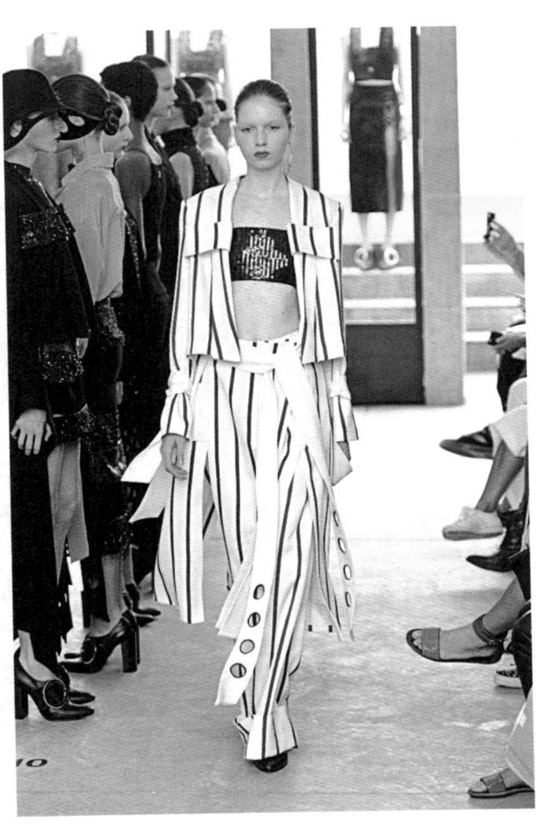

图2-3-2 分割在服装款式中的运用

图2-3-3 视错效果

影响着一件衣服设计的成败。因而，如果能在设计中巧妙地运用方向与角度所引起的视错现象，相信一定会对我们的设计工作带来意想不到的效果。

例如：服装的各种省缝，衣片的斜角缝合，领子和衣袋的尖形装饰上，都会出现把尖角估计偏大的错觉。出现这种角度视错的原因在于：锐角的两边之间的较小距离往往被估计得过高，显得比它的实际情况更大；而钝角两边之间较大的距离，却往往又被估计不足。这样，便在角边的方向上产生了变化。锐角的角度变大，钝角的角度变小。如图2–3–3所示的红色线条虽然是平行的，但它们看起来是两端靠近而中央分开。再例如：如图2–3–4 所示，在实际服装设计当中，我们就可以巧妙地运用方向与角度所引起的视错现象，诸如衣缝线、小饰件、腰带和打褶等能产生垂直线型的装饰方法，使之起到诱导人的视线向下运动的作用，从而形成一种整体外观视觉上的平衡感。

3. 对比与同化的视错

即相比较物的双方根据其作用于人们心理的程度，而各自朝着相反方向得到强化的错觉。

相对比的两个物体，距离越近，它们的差异就越明显，如小物件靠近大物体时就显得更小；在角顶旁边的圆形，比远离角顶的相同圆形看起来要大，如图2–3–5所示。

同样在服装设计中，相同的脸型，佩戴上帽饰就会使脸形显得小，而将头发束起来，脸形就会显得大，如图2–3–6所示。

图2–3–4 角度与方向的视错

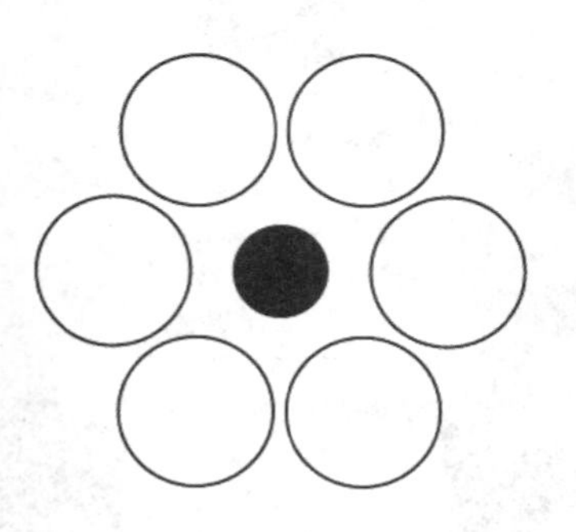
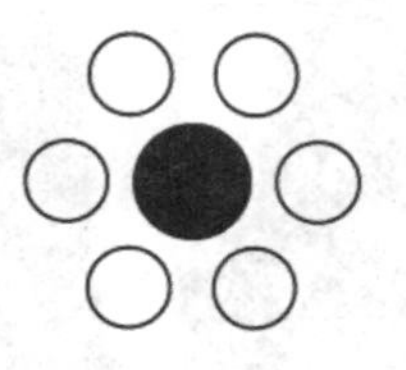
图2–3–5 相同大小圆在不同环境中给人的错觉

图2-3-6 对比视错

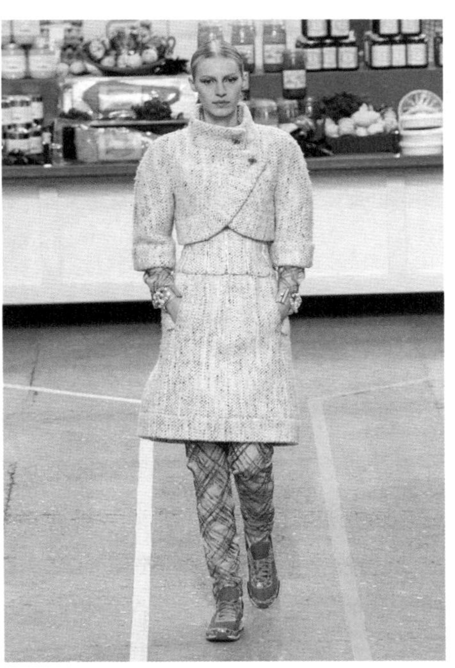

图2-3-7 同化视错

同化视错觉一般出现在我们推出重复的，略带夸张的相同图形时，这个图形的特征就会看得更加清楚。例如：胖体型的人穿上宽松衣服，就会显得越发臃肿。而体型瘦小的人穿上紧身的衣服，就会显得更加瘦小。在服装设计中，视着装者的特点和需要，可以通过衣服的内部结构线和外延轮廓线来减弱或加强同化对比的作用，以达到最佳的设计效果，如图2-3-7所示。

4. 上部过大的视错

它是由于人们先入为主的心理而产生的视错觉。当人们由上向下观察事物时，总是在同样形态的情况下，产生上大下小的视错现象。如8与S在书写时上面的部分要小一些，这样我们观察起来才会感到平衡、舒适。

图2-3-8　拉大上短下长的衣服比例结构

在服装设计中，女套装的上衣腰线位置，如果以1：1均等分割的话，看上去就有一种上长下短的错觉。既显得呆板又不精神，比例失调。而如果按照1：3或1：4的比数来进行分割的话，就会形成一种非常美的比例结构。这种视错现象，特别是在为身材瘦小或者上身较长而下身较短的人进行服装设计时，一定要谨慎。要尽可能地拉大上短下长的衣服比例结构，从视觉上予以合理的调整弥补。否则，可能会产生戏剧般的效果，如图2-3-8所示。

综上所述，视错觉在服装设计中也是一种行之有效的造型手段。特别是在弥补人体缺陷方面，更能发挥其独有的特性。如果我们能够充分地认识这些特性，并在实践过程中加以合理而巧妙地运用，相信对提高我们的设计水平会有极大的帮助。

练习与思考

1. 运用所学形式美的法则，作相应的课题练习一组（八开纸，黑白图16张）。
2. 简述：为什么说点、线、面是构成服装形态的基本要素？
3. 举例说明视错现象对服装设计的影响。

第三章

服装设计程序

服装设计程序，是指服装设计的组织款式者、实施者，借助物质材料来实现服装创作意图的整个过程。

虽然，这个过程从表面来看，仅仅是反映了服装设计的具体创作步骤，但实质上它所涉及的内容，却并不像它的表面那样单纯、简单。我们除了要对服装造型本身的构成因素、形式美原理等方面做细致的构思和谋划之外，还要对其他的相关因素，进行广泛而深入的研究。如怎样进行产品的设计定位；集团性设计的意义、程序；个人在设计创意时应思考的问题；能激发创作灵感的取材来源和预测服装流行趋势的情报资料等。能否正确地理解，科学地认识和熟练地运用这些知识内容，对于初学者来讲，是至关重要的，同时也是开始进行服装设计的第一步。

第一节　服装设计的方法和规律

服装设计与其他造型艺术一样，受到社会经济、文化艺术、科学技术的制约和影响，在不同的历史时期内有着不同的精神风貌、客观的审美标准以及服装设计鲜明的时代特色。就服装设计的本质而言，它是选用一定的材料，依照预想的造型结构，通过特定的工艺制作手段来完成的艺术与技术相结合的创造性活动。由于服装的造型风格、造型结构及造型素材的差异，服装又可分为适合不同消费群体或个人的若干种类。随着人们的社会分工、审美需求的不断深化，服装的造型服用功能越来越规范化和科学化，因此，掌握服装的设计方法和规律也就越来越必要。本节所论述的内容正是围绕着这些相关问题而展开的。

服装设计是一门综合性的、多元化的应用性学科，也是文化艺术与科学技术的统一体。因此，要求设计师不但要具备良好的艺术修养和活跃的设计思维，而且需要掌握严谨的运作方法。服装业是一个充满矛盾的行业，创新与传统、束缚与机遇并肩共存。探究服装在人类历史中的各种表现，追寻现代服装业发展的轨迹，或者了解欧洲人如何做设计、美国人如何做市场、日本人如何在对外学习中传承本民族文化，最重要的目的无非是启发创新意识，正所谓：学而不思则罔，思而不学则怠。汲取的经验和理论只有通过创造式的发挥，才能为我们的设计开辟新局面、铸就新优势。

奥斯卡·威尔德曾经说过："时装如此丑陋不堪，我们不得不每六个月就更换。"但是正是这种不断演化，对旧潮流的不断改造和创新，才使得服装业令人如此激动和富有魅力。现在，由于生活水平的提高和生活节奏的加快，服装的流行周期越来越短，服装变幻的越来越快，这就要求设计师们不断的要涌现出新的设计灵感，变化出不同的设计主题，才能设计出更新颖的服装来适应社会的需求。那么寻找设计灵感，挖掘新的设计主题就是服装设计的首要任务。人们总是惊讶于时装设计师是如何想出这么多美妙的新想法。事实是这些想法几乎没有全新的，设计师通过重新观察周围的世界进行创作。

设计师要始终把握时代的脉搏，音乐潮流、街头文化、影视、艺术动态。每个时装季节都有一个清晰的样式，这绝不是偶然的；不同的设计师常常设计出相似的色彩系列和廓形（silhouettes），因为他们都意识到了总的流行趋势（然而，从一种异于常人的角度进行设计，也能产生激动人心的时装）。虽然时装是最容易过时的，但回顾过去寻找灵感常常会有意想不到的收获。整个时代都可能有一个灵感，而且，不同时代的流行风格是循环往复的。20世纪60年代某年的风格可能在现在是一种时尚；下一次，有可能流行70年代的样式。以原始种族理念为基础的图案和风格被设计师们一遍遍地重复着。这个季节，他们可能想到拉丁美洲印第安人的编织，下一年，他们又以非洲某个部落的图案为特色。

服装经常依赖其他的艺术形式来寻找设计主题，装饰性艺术的豪华富丽、闪闪发光的印象和神秘宗教艺术都是艺术精品，都可以用来启发服装设计。不管是探索艺术世界、欣赏家乡的建筑、研究印度的文化，还是观察家里和花园熟悉的物品，这些都会成为新的灵感来源，探求服装设计主题的机会是无限的。

1. 设计理念与相关主题信息资源的收集与整理

服装的有关资料和最新信息是设计师需要研究和掌握的，资料和信息是服装设计的背景素材，同时也是为服装设计提供的理论依据。

可以参观博物馆或者流连于他人的绘画、雕塑、电影、摄影和书中。因特网的应用即使在家中或学校里就能获得大量的信息。服装的资料有两种形式，一种是文字资料，其中包括美学、哲学、艺术理论、中外服装史、有关刊物中的相关文章及有关影视服装资料等。如旗袍的设计，在查阅和搜集资料时，其古今中外的有关旗袍的文字资料和形象资料都要仔细地去研究。在一些设计比赛中经常有这样的情况：某些设计师的设计作品往往有"似曾相识"的感觉，或有抄袭之嫌，究其原因就是资料研究得不充分，类似的服装造型在某个时期早已有过。因此，为避免这种现象，设计之前对资料的查阅、搜集和研究力求做到系统、全面。

图3-1-1　奥黛丽·赫本《罗马假日》剧照

另一种是直观形象资料，其中包括各种专业杂志、画报、录像、幻灯及照片等。好莱坞电影也常常引发时尚潮流；如影星奥黛丽·赫本，从1953年的《罗马假日》起，几乎每演一部电影，都会带起一股新的流行浪潮。赫本走红的年代，正是金发美女横行的年代。那时候的女性喜欢把闪亮的金发烫的整整齐齐。在《罗马假日》里赫本开始是一头长发，剪去长发时候，忍不住叹息，但是当镜头一换，一个更加俏丽的短发美人出现在观众眼前。她的黑色短发打破了当时的流行，"赫本头"至今流行，如图3-1-1所示。

提起"赫本"这个名字，叫人联想到的是纪梵希等一系列设计大师的名字。像是从天而降的缪斯女神，赫本为品牌注入了不朽的灵魂，令天下所有的女子为之心醉神迷。许多年之后，奥黛丽·赫本依旧影响着时尚界的潮流变迁。在拍摄影片《龙凤配》时，赫本与法国女装设计师纪梵希相遇了，纪梵希与赫本共同创造出了一个时尚神话——“奥黛丽·赫本风格”。如图3-1-2中，赫本身穿的那件优雅大花长裙，一层蝉翼纱从腰身直泻而下，上衣、裙身以及裙摆都刺绣着18世纪风格的花卉图饰，曳地部分的裙摆构成了椭圆图形，镶边用黑色蝉翼纱褶饰，丝质的衬里，腰部使用勾眼扣紧，这件衣服实在让赫本惊艳。

1953年，奥黛丽·赫本主演《龙凤配》，饰演一位时髦管家的女儿，导演让赫本去巴黎采购戏装。24岁的赫本跑去拜访时装设计领域26岁的王子赫伯特·德·纪梵希（Givenchy），而这时，Givenchy（纪梵希）品牌才刚刚成立一年的时间。

图3-1-2　奥黛丽·赫本风格

在寻找灵感时，要避免囫囵吞枣。研究时要有选择，拓展选题时要有节制，这有助你设计主题更加突出既接受选题里的观念、知识、理论，同时又可以用自我的方式，重新审核后确认是非。所有的设计，几乎都是在原有作品的基础上，加入创作者新观念的成分后而成就的新作。即打散重构已有的服装元素，运用新的构成形式出现，带来新的视觉冲击力。

如图3-1-3所示，在现代服装设计中，不论是发型还是服装款式仍能看到赫本时代的经典的影子，这是设计大师加里基亚诺的作品，以新的造型形式引领着时尚。所以掌握服装的有关资料和最新信息是必不可少的，能够为服装设计提供强有力的理论依据。

图3-1-3　设计师加里基亚诺作品

2．掌握信息

服装的信息主要是指有关的国际和国内最新的流行导向与趋势。信息分为文字信息和形象信息两种形式。资料与信息的区别在于前者侧重于已经过去了的、历史性的资料；而后者侧重于最新的、超前性的信息。对于信息的掌握不只限于专业的和单方面的；而是多角度、多方位的，与服装有关的信息都应有所涉及，如最新科技成果、最新纺织材料、最新文化动态、新的艺术思潮最新流行色彩等。

此外，对于服装资料和信息的储存与整理要有一定的科学方法，如果杂乱无章的随意堆砌的话，其结果就会像一团乱麻而没有头绪，那么，再多的资料和信息也是没有价值的。应善于分门别类，有条理、有规律的存放，运用起来才会方便而有效。

设计主题的灵感无处不在，不管是海滩上的贝壳

图3-1-4 伊夫·圣·罗朗设计作品

还是壮观的摩天大楼，不管是在展览会上还是在里约热内卢的狂欢节上。只要你深入研究，这些都会不知不觉地影响你的服装理念。如图3-1-4所示，伊夫·圣·罗朗设计的裙子就是受到蒙德里安的作品的启发，这是设计师从艺术世界中得到主题的一个很好的例子。画家蒙德里安作品中，其震撼人心的造型和鲜明的色彩就可现成的借用在印花设计中，此外，原画中的精华部分被注入设计中，从中可以看出它的来源，同时它又是一件独特、漂亮的艺术品。

在图3-1-5中是将杜飞和蒙德里安作品的一小部分复制，一件熟悉的艺术作品就可以重新诠释为新颖的服装图案设计。

3．从某一具体实物着手，与自己大脑产生共鸣的设计概念碰撞确定主题

作为一个设计师，应当学习以新的眼光看周围熟悉的事物，从中寻找灵感和创作的素材。一旦领悟，设计就不再神秘，会发现周围的世界提供了无穷无尽的素材。选择的空间过于巨大，在开始时可能会感到灰心丧气，但不久就会学会如何在可能成为灵感素材中去选择设计起点。只要是自己感兴趣的事物就一定能够启发设计主题，个人对理念的理解往往会给设计增添激动人心的独特风格。除了自己感兴趣的素材外，还有几点要考虑进去，色彩搭配、面料质地、比例、形状、体积、细节和装饰。这些元素将对选好的素材进行进一步的研究提供重点研究对象，并且可以有目的地对目标主题进行精心设计。

在这个品牌全球化的时代，转向非西方文化寻找灵感有时会令人耳目一新。以埃及为例，在现代社会中埃及是一个还保留有鲜明特征的文化典范，因为它至今仍同它的文化根源保有密切联系。埃及文化中鲜明的色彩和精致的造型都是极好的设计素材，不管是金字塔、印花织布还是华丽的金首饰，这些色彩和造型几个世纪以来都是埃及文化密不可分的一部分，而且还将继续被世界各地的埃及人保存下去。从各种渠道研究埃及文化，搜集埃及物品、织物布料、拍照、画草图。通过对埃及文化的研究，利用非西方文化的设计理念，探求可用在设计中的色彩和造型，使作品呈现一种有趣的多种文化融合的效果。埃及神秘的金字塔就是很好的创造素材，埃及法老的坟墓、埃及艳后的传说还有神奇的木乃伊，都会触动设计者敏感的神经而产生新的设计主题。就连设计大师加利亚诺在高级时装发布中也有

以埃及文化为灵感的经典设计，如图3-1-6，（从设计中能看到金字塔和埃及艳后的痕迹）图3-1-7所示。（从埃及木乃伊中寻找灵感，利用对面料进行缠裹的造型手法，结合礼服的结构特点，使作品具有独特的韵味）所以搜集研究素材并不困难。利用有强烈传统色彩的素材可以确保材料永不过时——因为它们永远不会被时尚潮流吞没。作为设计者，必须尽可能研究各种文化，从中发掘出设计的宝藏。

从新的角度看事物，一个简单的方法就是尝试不同的尺寸比例。一件常见物品的局部被放大后，可能就不再乏味和熟悉了，而会变得新颖，成为设计创作的灵感素材。正是这种对素材的深入了解，才使你的作品有着个人独特的风格。

仔细观察生活，最平常的东西都能激发灵感，科普书和杂志都有很好的理念源泉，细看放大的意象，颜色变形了，露出出人意料的细节，想象怎样把这梦幻般的色彩应用于设计中展示出意想不到的效果。所以我们应当学习以新的眼光看周围熟悉的事物，从中寻找灵感和创作的素材。

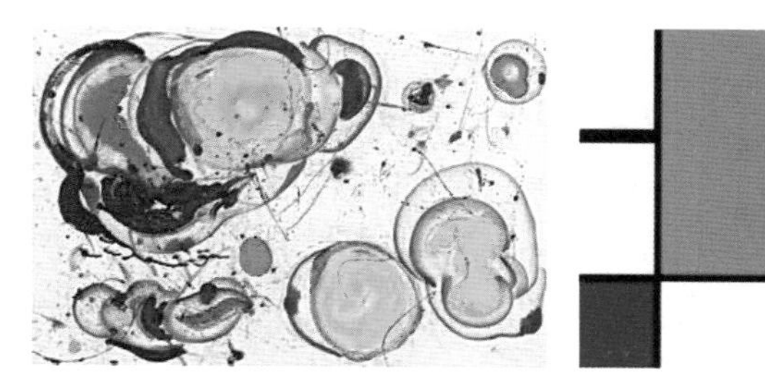

图3-1-5　服装图案设计

图3-1-6　加利亚诺设计作品（1）

图3-1-7　加利亚诺设计作品（2）

第二节　服装设计主题与造型表达

无论是从哪一种途径发现设计主题，最终能使得作品出台，才是真正体现创作者实力的时候。发现灵感找到主题是一件很兴奋的事，然而人处于兴奋状态时，往往因冲动而头脑相对混乱。当灵感到来时，应当把握兴奋的尺度，对灵感的内容进行一定的筛选后，再进入创作。

可以说，能对创作者产生刺激，被称为灵感的事物都不是单纯唯一的，小到一粒石，大到宇宙，每一件都包含了很多内容。以小石子为例，它的造型、色彩、纹样等表面的内容就不少，进而它也有拟人化的性格、品质等虚化的内容，这些在重创中不可能超过本体，也不需要去“复制”，是需要赋予它更新的东西。如果以石子为灵感去设计服装，大多利用它的色彩、纹样及性格的凝重；如还以它为灵感去创作时装画，又能利用它的造型、质量感和拟人化的刚毅精神。

凡此种种，都说明只有做到有计划地筛选，才能更好地表现灵感。一切作为灵感的东西，势必本身也存在着与重创物有一种天然的联系。抓准这种天然的联系，才是真正抓住和把握了灵感。

1. 主题的利用

能够发现主题，也未必能利用好主题。尽管前面所述，有了一定的基础，就可以把握主题这一机遇。每一种创作都需要基础，而基础也存在着单一和广泛两种概念。服装设计是边缘学科，内涵极为丰富，不论是做设计师，还是当时装画家，只具备时装专业表面基础是远远不够的，关键要夯实外延的基础，才能利用和超水平发挥这难得的主题。

主题的来源方式虽然有直接与间接之分，可落实到时装设计中，总要换成本门类的艺术语言。这其中就已注定要有一点或更多的联想手段才能完成，生搬硬套只会给人留下不伦不类的感觉。好的创作者既能接受任何观念、知识、理论，同时又可以用自我的方式，重新审核后确认是非。所有的设计，几乎都是在原有作品的基础上，加入创作这新观念的成分后而成就的新作。

所以，主题的利用可以说是对创作者生活阅历、素质、学识等诸多因素总体的检验。这也证明了，每一件可称为“艺术作品”的东西，在给接受者带来享受的同时，也是在对接受者倾诉创作者的内心独白。唯有两者之间产生了共鸣，作品才有价值，主题才真正的利用和发扬光大。下面以藏族服饰特点为例，分析体验与发现主题辐射的信息源的重要性，从而感受主题，在密切接触中体会主题深层寓意，设计出具有民族服饰特点的作品。

藏族服装具有悠久的历史，肥腰、长袖、大襟是藏装的典型结构。牧区的皮袍、夹袍，官吏贵族的锦袍及僧侣在宗教节日活动中的服装都具有这种特点。拉萨、日喀则、山南等地区的“对通”（短衣）也有此特点，至于工布地区的“古秀”，其基本结构也是和肥腰、大襟的袍式服装相近的。只不过它的结构比袍类更简化了，这种服装不但省去了袖子，而且把衣襟和前身合并一起了。

藏族服装结构的基本特征，决定了它的一系列附加装束。穿直统肥袍行走不方便的，腰带就成了必不可少的用品。腰带和靴子又是附着饰品的主要穿戴。各种样式的“乱松”（镶有珠宝的腰佩）系在腰带上垂在臀部，形成各种各样的尾饰。各种精美的类似匕首装饰也都系在腰带上。当地具有相当水平的毛织工艺品。各色毛织物的色泽也很鲜艳，它们大多是以红、绿、褐、黑等色彩组成的大小方格和彩条，非常美观大方。

设计师首先对其设计作品的历史背景、民族特点要有深刻的了解，从藏族众多的服饰形象资料中，抽选出典型的、具有时代特征元素而又符合审美的形象款式。在设计中要通过对服装的造型、色彩及装饰，显示出人物的历史印迹，民族的、地域的个性。应准确地把握和塑造人物的整体形象，着力刻画出人物的性格特征，如图3-2-1所示。所以能够发现主题，并且利用好主题，是对创作者生活阅历、素质、学识等诸多因素总体的检验。有了一定的素材基础，才可以把握主题这一机遇，创作出好的作品，如图3-2-2所示，图中带有哈萨克民族特色的服装设计作品就是很好的范例。

服装设计是一种创造性活动，应该符合美学的基本规律，这种创造其实是将客观已经存在的美的规律与现象更加强调出来。所以在实际创作活动中，我们常常会遇到面对众多形象资料的取舍组合的问题，这就涉及审美取向以及服装艺术的特殊性问题。

2. 探索不同表现服装造型表达的方法

探索不同表现服装造型表达的方法，可以使设计师设计时更加自由。笔或颜料绘画是常用方法。服装绘画是为了适应服装发展应运而生的新的画种，它是为服装服务的。服装画可分两类：一类是服装效果图，另一类是时装绘画。

（1）服装效果图：其目的是表现设计者以设计要求为内容，着重于表现服装的造型、分割比例、局部装饰及整体搭配等。因为服装设计是综合设计，并不是完全靠设计师一个人来完成（尤其是成衣），效果图是用来指导后续工作的蓝本。根据设计师提供的效果图，由工艺裁剪师打出服装样板，裁剪衣片，缝纫机工按效果图要求，将裁片缝制成成衣。因此，服装效果图是从面料到成衣过程中的蓝本依据。

此外，效果图比较细致准确地表现人与服装结合后的效果，直接且简单地反映穿着后的效果。它也是设计中不可缺少的一个环节，可以省去很多不必要的时间和劳动，凭纸面上的效果图来预测服装的可行性。对那些热衷于自己制作服装的人士来讲，

图3-2-1　设计主题范例（1）（作者：杨丽娜）

图3-2-2　设计主题范例（2）（作者：杨丽娜）

图3-2-3　服装效果图（1）（作者：杨永庆）

图3-2-4　服装效果图（2）（作者：杨永庆）

根据效果图就可以找到适合自己，又不与他人雷同的服装款式；按效果图所提供的色彩进行搭配，选择面料，根据排料说明、尺寸数据进行裁剪、缝纫，就可较轻松地给自己做一套满意的服装。

服装效果图的实用目的限定了其表现手法，如图3-2-3、图3-2-4所示，此类效果图应以比较写实、逼真为主，人物造型不可过分夸张。不能只图画面的好看，而省略服装分割线、结构线的表现；也不能为了准确表现服装面料本身的色彩，而略去环境色，以固有色形式描绘。

在服装设计图中，除彩色效果图外，还有黑白平面结构图及服装相互遮盖部分和某些局部放大部分的设计图。有时还可以加上按比例缩小的裁剪图。如图3-2-5所示，设计图要直截了当地表现服装款式的内容和整体的搭配效果。人物以整身形式出现为主，人物的动态力求简单，不可采用影响服装款式效果或易使服装产生较大变形的动态来表达服装效果图。

图3-2-5　服装设计图

图3-2-6　时装画作品（作者：杨永庆）

服装效果图的宗旨是为表现服装款式、色彩、面料质感等因素，所以效果图中的人是为服装服务的。用人的动态最大限度地表现服装的各个方面，若能全面准确地表现服装的表象，就算完成服装效果图的使命了。

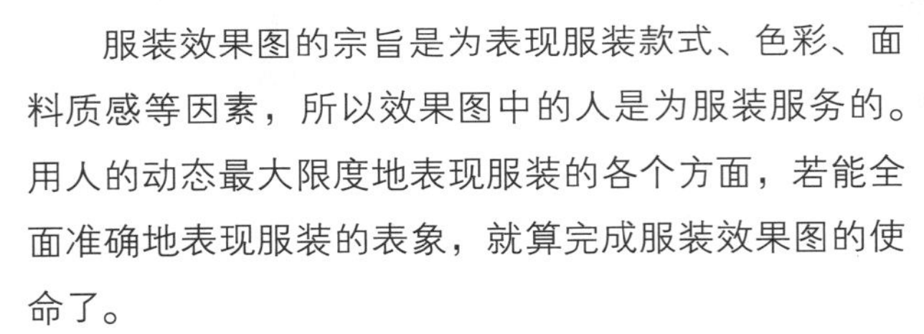

（2）时装绘画：时装绘画与服装效果图的目的相反，它是为了表现穿着者着装之后的感觉，所以时装绘画的精神价值是不容忽视的。时装绘画是特殊的绘画作品，它的特点在于题材非常明确，不是一般的人物画，而是穿着者有时尚设计感的时装人物画。一般的人物绘画并不像时装绘画中的人物那样怪异，因为一般的人物绘画所要表达的思想感情不一定是超前的。而时装本身就是一种新奇思想的载体，就它本身而言，能否很快被认同、赏识还是未知数，没有充分的解释就能理解是不可能的。那么，借助于人物的夸张和变形，就成了时装绘画的基本手段。

想象力和创造力是构成时装画美丽世界的两大支柱。如图3-2-6所示，时装画必须运用丰富的想象力从异于常人的角度来艺术化的表现所领悟的时代风尚，并在时装画中创造性地将服装、穿着者和环境之间的关系呈现出来。好的时装画能让观者感受到当时的社会气息，可以明显地感受到不同的时代精神。时装画中凝聚了许多设计师的个人感受，人物动态、服装款式、色彩都是一种心态和情感的表现。

虽然时装画和时装效果图都具有实用和审美属性，但在二者身上却呈现出不同的侧重点。就实用属性来看，时装画以目标定位群体的生活状态为述说对象，力求使服装产品与消费者产生共鸣，通常是商家把自己的产品风格化、艺术化地传达给顾客的一种手段，它是理想的美化设计的方法，以达到促销目的。而时装效果图的实用属性则是在设计观念和完成的服装之间搭起一座桥梁，它蕴涵着工作的流程。从某种程度上来说，时装效果图是具有时空效应的。它使思维视觉化，让设计师借以检验设计是否已经完善，并且还指导着下一步的工作。同时，由于服装的完成品和效果图通常是有着一定差异的，所以它并不是最终的结果，而只是一个记录的过程。

第三节　服装设计的条件与定位

在进行服装设计之前，了解和掌握设计对象所具备的各方面条件，是我们必须要做的首要工作，因为它是服装设计工作成立的前提。只有充分的了解了这些具体内容，我们才能有针对性的开展设计工作，才能合理科学的给予服装造型以准确的定位，这是满足顾客需求的基础。

一、服装设计所需考虑的几个条件

现代的服装设计，只有在合理的条件之下，才能发挥出设计的最佳效果，才能创作出实用与美观兼顾的优秀服装设计作品。要达到和实现这样的目的，在进行服装设计时，考虑以下六个方面的条件是必须的，也是十分重要的。

1. 何时穿着

何时穿着指穿衣服的季节与时间。即：春、夏、秋、冬四季和白天或晚间的穿着。

2. 何地穿着

何地穿着指穿用衣服的场所和适用的环境。

3. 何人穿着

何人穿着指穿用者的年龄、性别、职业、身材、个性、肤色等方面。

4. 何为穿着

何为穿着指穿用者使用衣物的目的。

5. 何用穿着

何用穿着指穿用者的用途。即穿用者依据着装的需要而决定服装的类别。

6. 如何穿着

如何穿着指如何使穿着者穿得舒适、得体、满意。这也是服装设计的关键所在。

这六个条件，可以说是服装设计的先决条件，是服装设计师在从事服装设计时，必须从顾客那儿得到的具体内容。依据此内容，设计师才能按照顾客的要求，进行服装设计的效果展示。其具体过程如下。

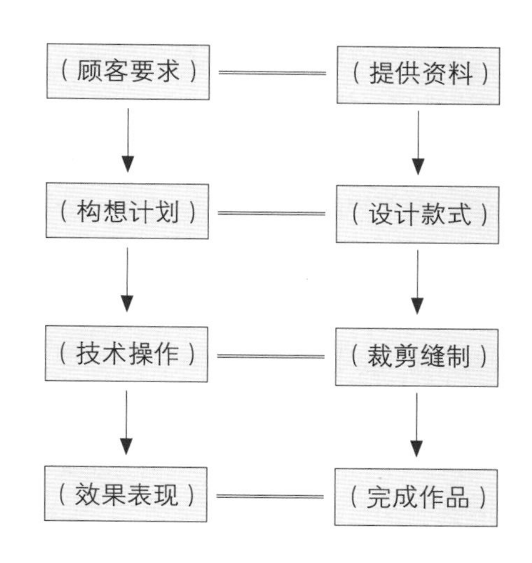

二、服装设计的定位

服装设计的定位是建立在服装设计的先决条件基础之上的，即服装产品的消费阶层以及不同消费阶层的消费取向。只有在这个基础之上，我们才能对服装设计进行科学的定位和新产品的开发。其内容包括如下：

1. 确定产品的类型

（1）确定产品类别：依据服装市场的消费特点，流行趋势和潜在消费群体的购买能力，结合服装生产企业自身的生产结构特征，合理地来确定服装生产的类别，是休闲装、运动装还是裙套装或裤套装等。

（2）确定产品档次：确定产品的档次关键在于企业自身的条件，它包括企业的生产规模、生产手段；技术的先进程度、人员的综合素质；设计的能力、管理的水平以及市场占有率的情况等多方面的因素。在服装的生产和设计过程中，应依据这些因素来合理地安排产品的档次。切不可不顾企业的实际情况，盲目地提高或降低企业产品的档次，给企业的经营发展带来不必要的损失。

（3）决定产品批量：当服装的类别、档次被确定以后，应根据产品的销售地区、消费阶层来制定合理的产品生产数量，是小批量还是大批量。

（4）设定产品的价格：产品的价格应以产品的产值成本为基础，结合产品在市场上所受欢迎的程度和消费者实际的购买能力来合理的设定，从而起到以价格来进一步推动市场消费的作用。

2. 确定产品的风格

（1）确定产品的造型特点：在市场消费过程中，只有有特点、有个性的服装产品才能吸引消费者。确定服装造型在哪一方面具有独立特色，应以市场的需要为准则。既可以以表现服装的款式造型、色彩配制为主要特点；也可以以表现服装的工艺处理、面料组合为特点，或者以装饰搭配等其他方面为主要特点。

（2）制定产品质量标准：产品的质量标准是检测产品生产质量的依据，是产品质量的保证条件。服装产品的质量标准一般从以下几个方面来制定：即服装款式造型的机能标准、主辅面料的理化标准、样板的尺寸规格标准、缝制的工艺标准，以及产品后整理的技术参数标准等。

（3）确立产品的艺术风格：产品的艺术风格主要是由产品的美观性能所决定。它体现着一个生产企业在产品生产、开发过程中对产品风格的确立。这种被确立的产品风格，一旦被消费者所认可，就意味着该企业及其产品在消费者心目当中树立起了良好的形象。因此，确立服装产品具有什么样的艺术风格，对于服装生产企业的发展也是至关重要的。

（4）确立产品品牌特征：一个好的产品品牌是质量与信誉的保证。确立新颖有特色的产品品牌，可以强化人们对产品的认识，吸引消费者对产品的兴趣，增进购买欲望，达到促进销售的目的。

3. 制定产品的营销策略

（1）市场的定位：市场定位即产品的定位。服装生产企业在确定自己产品的市场定位以前，应切实地了解和掌握市场上同类产品的特点和竞争力度，以及这类产品在不同消费市场所受欢迎的程度。然后，针对自己企业的生产能力，销售渠道和促销手段等方面的情况，合理地进行产品的市场定位，以保证产品的顺利销售。

（2）销售的方案：制定合理的销售方案是保障企业顺利发展的重要条件之一。它包括的内容为产品投放的时间、数量、渠道、地点等方面。在制定销售方案时，首先应准确地把握产品的市场定位，然后选择最佳的时间，安排最适当的批量，选择最畅通的途径将产品推向市场。从而实现使企业获得最大经济效益的目标。

（3）销售的路线：指的是根据产品的类型、特点和不同的消费阶层的购买能力，而选择的销售区域以及进入这一区域的方法。是批发、零售，还是专营、兼营等。

（4）促销的手段：指的是服装生产企业为了促进其产品的销售而采取的各种方法。这些方法基本上分为两大类：其一是利用各种媒体的广告形式来介绍产品的特点，起到指导消费的作用。其二是利用服装本身所具有的传播功能，通过举办服装展示会、赠送样品、发放纪念品等不同的形式，起到推动产品销售的作用。

4. 制定产品开发的规划

（1）对老产品进行评价：根据现有产品在市场的经销过程中所反馈回来的各种情况，进行科学的综合分析与评价。确定出现有产品在市场竞争中的优势和不足。然后，提出具体详实的改进意见和措施。包括：调整生产结构、降低产值成本，变更促销手段，改进生产工艺等方面，以使老产品在市场竞争中能够维持较长的生命力，为企业获得更多的利润。

（2）确立新产品发展的目标：是指在现有产品生产经营的基础上，确立新产品的发展规模、速度、开发步骤以及时间顺序的安排。

（3）确立生产企业的发展战略：指的是生产企业依据自身的现有条件，从宏观的角度制定的发展目标和规划。即预计在什么时间内，企业应发展到什么样的程度。具体内容包括：企业的发展规模、高科技的生产手段、人员的素质提高、新产品开发的能力、技术的储备、企业的知名度、产品的市场占有率、员工的工资收入等方面。

第四节　款式设计的方法与步骤

前面我们讲过，服装设计是以市场为导向，根据消费者的需求，以一定的设计形态，通过选用不同的材料，经过工艺加工制作来完成的。和其他各类造型艺术的设计过程一样，服装设计从最初的构思设想到样品的加工制作，同样也要经过一定的设计方式和步骤才能完成。

一、集体创意的设计方法

这是近年来被广泛应用于设计界的一种集体创意的思考方法。也是集众人的聪明才智来完善每一件设计作品的方法。在运用这种集体创意的方法时，参与人员务必应遵守以下几个方面的规定。

（1）不可批评他人所提出的改进构思。

（2）尽量探求自由新鲜的想法。

（3）设计创意的量越多越好。

（4）欢迎改善或结合他人所提出的想法。

这种方法是在每一季节来临之前，企业进行新季节产品风格策划时或在每组新的款式样品制作完成后，由公司计划部、设计部、打板部、样品制作部、销售部等部门的工作人员来共同研究商讨该产品的优缺点，并提出改进意见，直至该产品尽可能达到完美的境界。然后，再决定大量的投产、推出销售。参与研讨的小组成员一般5~10人即可。样品先由模特儿试穿，在每个人面前展示，小组成员对该产品的用料、色彩、造型、大小、长短等都可提出个人的看法与意见。并进行充分、自由的讨论。其讨论内容与结果由工作人员记录下来，以便为事后的改进工作，做参照的依据。在小组会议中，不仅每个人都应提出自己的看法，而且最好还能尝试着把他人所提出的想法与自己的想法结合起来，以构思出新的生动的创意。

这种集体创意的设计方法，虽然实施起来看似简单，但应用的范围却相当广泛。特别是在所要研究的问题仍不明朗或者尚无法确定时，很容易得到解决问题的方法。

二、个人设计构思的方法

每个人的构思模式和设计方法虽然会因其自身的条件和习惯的不同，在具体操作过程中有所差异，但总体上来讲不外乎两种基本形式。即：由整体到局部和由局部到整体。

1. 由整体到局部

这是设计构思时最常用的一种方法。其特征为：在设计过程中，首先根据已知的条件，构思出一个总体的框架（方向定位）。然后，再根据这个整体的思路，进行各局部的设计，直至最终实现设计的要求。例如图3-4-1所示，从这个设计的前提要求中我们可以看出，此设计的总体思路应定位于礼服：服装除了要保持其实用性的基本功能以外，还应重点反映服装的礼服特点，以便达到服装与环境相适应的目的。因而，在具体的设计过程中，我们应当以总体定位为依据，无论在款式的造型、色彩的搭配、面料的选择，还是在各局部的装饰方面，都要围绕着礼服这一主题来进行构思，并在造型过程中加以充分的体现及落实，最终达到设计要求的目的。

2. 由局部到整体

这种方法与前者不同，它事先既没有一个整体的构思设想，也没有什么设计要求及条件。而是由于得到某一种灵感或者受到什么启示，进而想象出服装的局部特征，然后再把这种局部的特征进行外延扩大化的展开，从而构思出完整的设计。这种方法带有很强的偶然性和探索性，虽说比较冒险，但是由于设计者是怀着一种浓厚的兴趣和自信心去体验，追求，创作。所以，也是一种较为常用的方法。

除了上述所讲的方法之外，服装设计师在进行设计构思时，还常用以下几种不同的方法来展开思考探索。

图3-4-1　服装设计效果图（作者：杨永庆）

3. 观察法

（1）缺点列记法：把现存的缺点列记出来，通过改良或去除，使产品达到更加完美的一种思考方法。

（2）优点列记法：列记出优点，使这些优点能够发扬光大，进而影响整个产品设计的方向。

（3）希望点列记法：找出产品能做进一步发展的希望点并记录下来，然后进行探讨，以求得能在原有基础上有新的发展。

4. 极限法

（1）形容词：大—小，高—低，长—短，粗—细，轻—重，软—硬，明—暗，多—少……

（2）动词：如重叠、复合、移动、变换、分解、回转，等等。

5. 反对法

从反对的立场来思考，共包括七个方面：

（1）把居于上面的设计移到下面看一看。例如，把肩部的装饰手法用于裙子的下摆设计上，来检查其效果如何。

（2）把左边的设计转移到右边来看一看。如把左边的分割线转移到右边，来检查其效果如何。

（3）把男性用的变成女性用的。例如：夏耐尔把海军领的设计变成女用时装的活泼样式。

（4）把高价物变为廉价物。例如，采用较为廉价的面料取代高档面料，来制作相同的款式，以降低成本。

（5）把前面的设计转移到后面。例如：把罗马领改变到背部，看其效果如何。

（6）把表面的部分转移到里面。例如：把口袋或纽扣由衣服的表面设置到里面，来检查其效果如何。

（7）把圆形设计变为方形设计。例如，把圆领口变成方领口等，来检查其效果的变化。

6. 转换法

尝试着把某种物品作为解决其他问题的想法。例如：能否使用到其他领域上，能否使用其他材料来替代等。

7. 改变法

将某一部分以其他创意、材料来取代的方法。包括三个方面：

（1）改变材料：如皮的改成布的，花的改成素的等。

（2）改变加工方法：例如，缝合的改变成黏合的，拉链的改变成系绳的，长袖的改变成短袖的等。

（3）改变某些配件：例如：塑胶粘扣改变为铜质拉链，荷叶边改变成蕾丝等。

8. 删除法

能否除去附属品，能否更加单纯化。对于现有的物品能删除的就尽量删除，对本质性的必要性的东西，再做进一步的探讨。

与删除法相对的是附加法，在设计过程中也可以使用。

9. 结合法

把两种或两种以上的功能结合起来，产生出新的复合功能的方法。例如：把裙子和裤子结合起来组构成裙裤，把泳装和瘦裤结合起来组构成运动形时装等。

三、设计的过程

服装设计离不开消费者，也就是说离不开市场。尤其在当今的商业社会里，订做服装已经逐渐衰落。取而代之的便是由服装设计师所设计的时装和成衣。因而，寻找市场上的共通性和需求性，就成为每一个设计师最重要的课题，如图3-4-2所示。

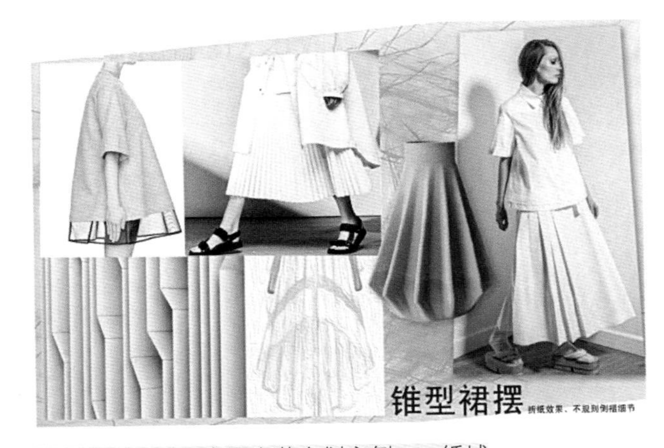

图3-4-2 2017春夏女装企划案例——纸城

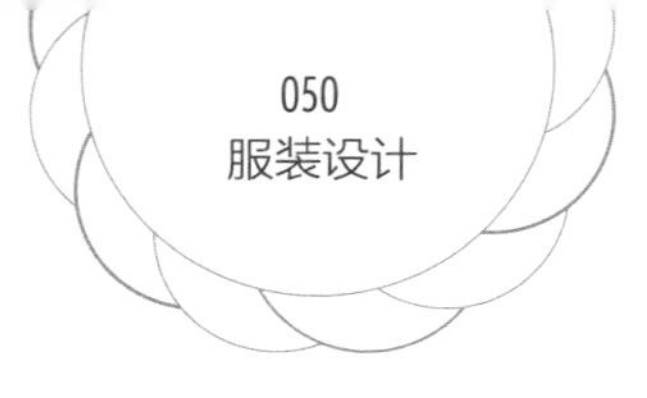

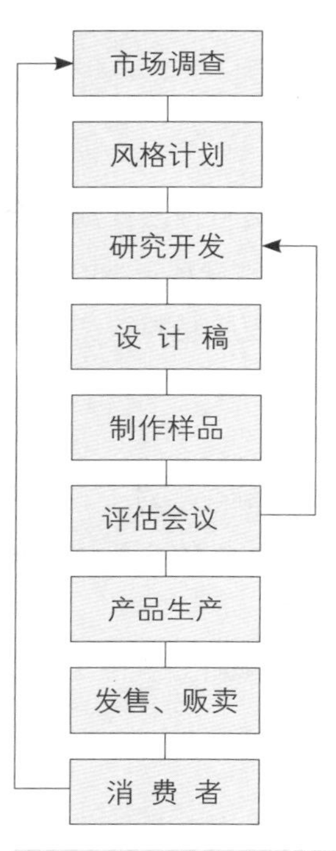

图3-4-3 设计过程示意图

设计师必须充分地了解市场上的需求，才能在设计过程中做到有的放矢。下面是服装公司的设计过程。

（1）确立商品的风格计划：在新的季节来临前先做好整体风格、外型、色彩、材料的计划。

（2）研究开发：研究产品开发的可行性和被市场接受的程度。

（3）设计稿：针对上述两项前提绘制设计图。

（4）制作样品：根据选择之后的设计稿件裁制样品。

（5）评估会议：样品完成后，集合有关人员集体研究，提出改进意见。

（6）变更设计：根据改进意见，调整设计。包括款型、色彩、面料、工艺、装饰等方面。

（7）产品生产：决定生产数量、分配生产流程路线与制定完成日期。

（8）推出销售：分配销售网点与制定销售路线。

设计过程示意图，如图3-4-3所示。

第五节 服装流行趋势的产生与预测

流行，是因为成功的服装一定是入时而流行的。时髦具有一种神奇的力量。任何环境、任何文化背景、任何时代的个体，都会不由自主地追随时髦风尚，而不愿被旁人视作异物或落伍者。正是这种时髦心理，导演了人类千年时尚的兴衰和演化更替。我们知道人类天生喜欢创新和不断地追求变化，并从创新求变中得到那份强烈的创造欲和满足感。同时，人类还拥有善于模仿与倾向大众化的天性，这种集大多数人的共同嗜好或者自然的肯定某种趋向的行为，就造成了所谓的流行。

一、流行产生的原因

通常要受到多种因素的影响，这些因素归纳起来，颇具代表性的有以下五种因素。

1. 社会经济状况的因素

当社会经济不景气时，人们就会把精力放在民生问题方面。首先要求解决食品和居住的问题，对于服装的款式是否流行并不那么看重，也不会时常的购置新衣物。于是就造成了服装市场的萎缩，服装款式的变化自然也就相应地减少，甚至是停滞不前。相反，在社会经济繁荣富裕时，人们便会不断的追求新的服装款式，以满足其时髦的心理欲望。而作为设计师就要不断的创新、竞逐，使新的流行不断的涌现出来。

2. 大众需求与接受的能力

当流行产生时，新款式首先出现。一般人对于新款式，并不能马上接受下来，而是需要经过一段相当的时间。在新款式逐渐变的普通时，人们看到其他人穿上了新的款式，往往会在心理上感觉到自己也必须赶上潮流。否则，会让人认为自己不合时宜，太土。因而，对新款式也有一种需求，于是流行便蔓延至每一个角落。在此期间，某些设计师的作品，可能会因过于的怪异，不符合人们的心理条件和接受能力，而在一段很短的时间内悄然消失。

3. 时代背景

流行是随着时代而变迁的，不同的时代，款式及其流行都与当时人们的生活习惯，审美观念、经济状况相吻合，否则便无法形成流行。同样的道理，时代改变了，曾经流行的款式便成为了过去，只好被新的流行所取代。

4. 地域环境的影响

世界上每一地域，人们的社会状况，经济环境，风俗习惯都有所不同，款式的流行也有区别。例如：巴黎是世界服装中心，是流行的发源地，但在巴黎流行的款式，并不一定会在中国流行开来。即使流行开来，也是在经过了一段时间以后，中国人对于这种流行有了充分的认识、认可后，才会慢慢的流行开来。所以，流行也会受地域环境的影响。

5. 国际事件对人们的冲击

1972年，美国总统尼克松访问中国，法国的服装设计师们率先将中国的服装加以改变，搬上了世界时装舞台。这种富有浓厚的中国及东方色彩的新款式一经展示，便在全世界范围内掀起了一阵中国热。1976年，爆发了世界石油危机，阿拉伯各国又成了世界上的新贵，于是服装款式中又充满了中东风格。从这儿我们不难看出，大的国际事件通过对人们心理上的触动是可以改变其生活状态的，反映到服装上亦可改变其流行的特征。

总之，如果我们细心地研究上面的几个因素，便会发觉流行的趋势是有脉络可寻的，并不是凭空任意营造出来的。而任何与社会脱节的款式，都是难以生存的。有些服装设计师往往主观性太强，对于款式及色彩的设计，太注重个人口味，而缺乏对潮流及穿着者心理的深入研究。于是乎，作品便成了不切实际，哗众取宠的款式，不但缺乏代表性，也不能为大众所接受，很快就被淹没在流行的潮流中。当然，我们也不能否认没有个人口味便无法产生特色的事实。但是作为设计师，应该抓住设计的主流特征和时代演变的重点，并进一步把握住穿着者的需求。然后，配合自己的口味和个性，设计出别具一格的具有突出特点的服装款式。并且顾及服装的实用价值，不靠标新立异来取胜。

二、流行的类型

1. 作为社会现象的流行

流行作为社会的客观存在，顺应人的趋同心理的形成和发展。当社会遇有突发事件，例如：在政治、经济、战争等形势突变情况下，由于社会情况变化，要求人们迅速适应因政治信念上的急需表现而迅速流行起来。20世纪70年代，全球的注意力集中引向中东地区，也引发了时尚界对阿拉伯地区的兴趣。于是，T形台上出现了许多具有东方异国情调的宽松样式服装，与西方传统的构筑式窄衣结构截然相反，不强调和体、曲线，线条宽松肥大的非构筑式结构，这种东方风格风靡一时，以此为契机，三宅一生、高田贤三这两位来自东方的设计师大受欢迎，一举成名。

2. 作为象征的流行

流行原本就是人们追求、理想的一种象征。具有民族、地区特点，并与历史上长期积淀的文化紧密关联。久而久之，形成某国、某地、某一民族的习惯，如中国人通常以红色象征喜庆，白色象征悲哀；而西方人恰恰以白色作为婚礼的标准用色。随着全球范围文化的交流，人类审美意识的变化，某些为各方面都能够接受的象征意义等会走向部分趋同。

3. 作为商品的流行

作为商品的流行是由某集团或在某人的推动下设计生产出来并投放市场，吸引人们购买使用（包括动用舆论和宣传工具等）而形成的流行。每年巴黎、伦敦、纽约等时尚集中地和全球各大服饰品集团、面料公司所做的流行发布、流行预测以及各大国际服饰、面料，甚至纱线展会都成为了“作为商品的流行”的策源地。

事实上，上述三类流行经常呈现出互相交错的现象，表现了流行与人类生活密不可分及其丰富的内涵。如果没有政治动荡、经济危机或某种不可抗力而导致社会物质生活基础崩溃，或者没有新兴技术在实质上增进材料对人体的益用，现代服装的流行只会更多地与意识形态或精神领域的需求有关。除了从流行时尚中攫取利润的商业目的、物质生活逐渐丰裕等外在因素，人们难以抚平的精神文化消费欲望是引发流行的内在动力。正是如此，种种“形而上”的新概念、新解释才被赋予流行时尚的内容。

服装作为一种时空艺术，依存于各种信息来展开设计、生产、销售等一系列经营活动。能否及时掌握信息、能否有效利用信息，在资讯传媒高度发达、市场竞争异常激烈的当今，直接关系到品牌的生死存亡。正是在这一意义上，服装业才被人们认为是一种特殊的“信息产业”。通过环境分析可知，服装商品企划所依赖的信息来源极为广泛，形式也多种多样。按照服装信息分类的一般方法，我们通常将它们分为业内资讯、市场资讯和流行信息。

三、流行周期与预测

反复是一种自然规律，表现在流行中即流行的周期性，每隔一段时间就会重复出现类似的流行现象。周期性是人类趋同心理物化和心理的综合反映，和其他领域的流行一样。

1. 服装流行周期阶段

（1）产生阶段为最时髦阶段：由著名设计师在时装发布会上推出高级时装（先导物），高级时装作品发布会每年于一月份（春夏季）和七月份（秋冬季）举办两次。高级时装是由高级的材料、高级的设计、高级的做工、高昂的价格、高级的服用者和高级的使用场所等要素构成的。这种时装的生产量也非常少，因为即使在全世界范围内统计，消费得起这类服装的富豪权势不超过2000人。只有如此量少价高的措施，才能以盈利的部分平衡不被市场接受的部分所造成的损失。

（2）发展阶段是流行形成阶段：由高级成衣公司推出时装产品，此阶段的高级成衣虽然与第一阶段相比，价格相对低廉，但对大众来说，仍然是无法消费得起的天价，因此只能在某些特定阶层中流行，还无法形成规模，但因为这个阶段的消费者多是演艺界、政界人士中受人瞩目的社会名流，故而为下一个阶段的大规模流行积蓄了潜力，促成第三阶段的产生。

（3）盛行阶段是流行的全盛阶段：由大众成衣公司推出大多数人都可以消费得起的价格低廉、工艺相对简单、由大规模生产制造出来的成衣。此阶段，时装已真正转化为流行服装，被众多的人穿用。

（4）这一轮流行在消退阶段已经达到鼎盛阶段：该服装的普及率已经最大，以至于市场被大限度地充斥占据。在此阶段，大众的从众心理已过去，喜新厌旧的心理开始发挥作用，使这类服装的穿着者大大减少，或者成为大众喜爱的日常基本款式被长久使用，或暂时消退，待机再起成为新的流行。

2. 流行预测的概念和作用

预测即运用一定的方法，根据一定的资料，对事物未来的发展趋势进行科学和理性的判断与推测。以已知推测未知，可以指导人们未来的行为。预测的种类多种多样，如股票、经济、军事、服装工业产品等。

成衣流行预测是对上个季度、上一年或长期的经济、政治、生活观念、市场经验、销售数据等进行专业评估，推测出未来服饰发展流行方向。一般情况下，做色彩、纱线、材料、款式、男装、女装、童装等的分类预测，视流行预测机构的功能不同而不同。各服装企业也做适合本企业需要的趋势预测。了解成衣流行趋势的过程和基本原理，可以有效地对本行业的最新动向进行研究、分析和判断，合理应用流行趋势可以降低设计成本、降低生产风险，可以合理地安排生产。引进流行趋势分析理念，可以提高把握市场的准确性，减少制作样衣的不必要投入。

四、服装流行预测的分类

1. 按照预测时间长短划分

（1）长期预测：长期预测多指一年以上的预测。如巴黎国际流行色协会（International Commission For Colour In Fashion And Textiles）发表的流行色比销售期提前24个月；《国际色彩权威》（International Color Authority）杂志每年发布早于销售期21个月的色彩预测；美国棉花公司（Cotton Incorporated）市场部预测发布的棉纺织品流行趋势比销售期提前18个月；英国纱线展发布提前销售期18个月的流行预测。

（2）短期预测：短期预测指一年以内的预测。如巴黎、米兰、伦敦、纽约、东京、中国香港、北京等时装中心的成衣展示会，包括各成衣企业举办的流行趋势发布和订货会以及各大型商场的零售预测。

2. 按照预测范围大小划分

（1）宏观预测：宏观预测一般指大范围的综合性预测。这类预测对同一地区内的所有商家都具有指导意义，如国际流行色协会的色彩预测、中国流行色协会的色彩预测等。

（2）微观预测：微观预测可具体到生产不同服装产品的成衣预测。如内衣产品预测、西装产品预测、风衣产品预测等。

3. 按照预测方法不同划分

（1）定性、定量预测法：

对预测对象的性格、特点、过去、现状和销售数据进行量化分析，推测和判断成衣产品未来的发展方向。预测前，必须进行广泛的市场调查，在分析消费者与预测对象相关联的各个层次的基础上进行科学统计预测。这类预测非常科学、细致，但预测的成本较高，适合中、小国家的流行预测，如日本的流行预测就经常采用定性、定量预测法。

（2）直觉预测法：聘请与流行预测有关的服装设计师、色彩专家、面料设计师、市场营销专家等有长期市场经验的专业人士凭直觉判断下个季度的流行趋向。参与流行预测的人士，必须有丰富的市场阅历和经验，有高度的归纳和分析能力，对市场趋势具有敏锐的洞察力和较强的直觉判断力，有较高的艺术修养和客观的判断能力。如总部设在巴黎的国际流行色协会的色彩预测采用的就是直觉预测法。

五、流行趋势对服装设计的影响

流行趋势的发展变化，使服装在外型、局部、线型、色彩和布料等方面亦发生变化。且看我国20世纪80年代服装流行的情形。1980年，西服出现在青年人当中；1982年，是猎装；1984年，大直筒裤、男士高跟鞋。1985年，运动服。1986年，萝卜裤，窄腰西服。1988年，牛仔系列、牛仔布一支独秀。1989年，裙裤。1990年，宽松式套装及都市性格女套装。其间色彩也前后流行过宝石蓝、紫罗兰、明黄、果绿等。

我国的时装潮流趋向一般来讲，深受欧洲及日韩时装潮流的影响。其动向，相对比较容易推测。问题是设计师应如何去适应潮流，设计出合乎时宜的新款式。因为只有适合时令和流行的款式，才有美的效果。流行而且有时尚感的衣服，在人们心理上最容易获得好感。穿着比别人较为新颖的服装，在内心会有一种优越感，这种优越感，是造成流行的动机。另外，一般人均有喜新厌旧的倾向，因此，流行的根源乃发自于我们的内心。而设计师只不过是把握了人们的心理和需要，予以诱导，具体呈现而已。设计师绝不能独自制造流行，而是要揣测大众的心理，正确抓住人们所追求的是什么，往哪个方向发展等关键问题来培育流行的萌芽。

对于一种流行，我们不妨把它比作一条宽大的河流，而一种趋势，通常包罗万象。假设你所设计的服装，相当于一杯水的分量，那么，流行的整体就是一条大的河流了。因此，可以说，任何人都可以在流行的潮流中选择出适合自己的服装款式。也许对于初学者来说，繁多的式样，快节奏的流行变化，容易使人发昏，难以承受。但是，从广义上来讲，如此的千变万化乃是为了让每个消费者都能有称心如意的装扮，这也是一种必然的现象。

当我们在分析了上述流行的成因之后，再从中采取能使穿着者显得生动的服装外型，这就是运用的服装设计原则了。如果在服装设计过程中，我们不能有效地整体利用流行的特点，那么，就设法在服装局部中采用。要是局部仍感到不易讨好，不妨单独选用新颖的服装材料或者新鲜的服饰配色，同样也能显现出一种流行的气氛。

总之，流行是一种趋势，它包罗万象。在服装设计过程中既可以从大的方面进行整体的把握，也可以从服装局部特点着手。不必拘泥于非把流行的外型一成不变的搬过来加以运用，更不用设计的完全符合流行的格式。对于流行，要灵活的运用才能创造出更好的服装设计作品。

1. 讨论设计定位的意义。
2. 列举服装设计的方法。
3. 探索不同表现服装造型表达的方法。
4. 简述款式设计的方法与步骤。
5. 结合国际流行趋势，分析流行产生的原因、流行的周期及预测方法。
6. 简述在服装设计中如何活用流行的因素?

第四章
服装的外型

这里所要谈的服装外型，仅指服装设计过程中的外观结构造型，而不涉及其他方面。我们知道，当一个人在购买衣服时，一定要先看看这种衣服的款式，也就是它的形态和结构。假设一件衣服的色彩、质地都相当不错，但是其外型却是过时的、不合时宜的，相信没有多少人会去购买它。在当今社会里，人们对穿着个性化的要求越来越强烈。追求个人品位和展现自我风采已成为一种社会时尚，而这种时尚的流行所带来的结果，就是人们对服装外型多样化的迫切要求。因此，服装的外型设计在未来的市场竞争中，肯定会发挥越来越重要的作用。

第一节　服装外型的特征与种类

一、外型的特征

所谓外型是指衣物造型的整体外部轮廓。在服装设计中，外型是衣服的根本所在。

1. 外型与流行

衣服外型的设计特点是由当时的年代及潮流来决定的。外型展示着时代的流行特征，同时流行也借助外型的进一步传播来扩大其影响，两者之间是密不可分的。在服装的流行过程中，除了样式、色彩、面料等因素以外，服装前后左右的外型应当是最引人注目的了。因而，一般服装设计师的作品展示会都是以轮廓造型为主体来发表的，并且体现着浓郁的时代特色。我们知道，人的身体的外观特征是由躯干部、四肢部以及头部所组成的。当人们穿上衣服时，人体的外部轮廓就会被衣服所覆盖，从而形成一种以服装的外观形态为主体的空间造型。从服装流行的历史来看，这种形态有时会以肩、胸部为强调的重点；有时会以臀、腰部为突出的重点，如图4–1–1所示，有时还会以头部或者臂部等部位为表现的重点等，构成了各个不同时期的流行风格。人们从这些衣服的外型特征上即可知道该衣服是哪个时期的产物，适合在什么样的场合中穿用等。因而，服装设计师在设计服装的外型时，能否把握住时代的脉搏，并不断地创造出能引导人们消费的流行服装，就成为衡量一个设计师水平高低的重要标志。

2. 外型与材料

衣服的外型是借助于衣料的质地塑造出来的，也可以说，衣服的外型就是衣料的轮廓。两者互为一体，有着密不可分的关系。我们知道，随着科学技术的进步，纺织业在迅速的发展，新的花色面料层出不穷。衣料的性格更是包罗万象，有轻的、重的、软的、硬的、厚的、薄的等不同的特色，而这些不同性格特色的充分展示往往都是借助于服装的外型流露出来的。例如我们就以厚重的面料和轻柔的面料来进行比较，前者可以塑造出强硬、沉着的服装外型，而后者则表现出顺乎身体的线型，显示出柔和、优美的服装外型。两者恰好形成对照，由此可见，服装的外型能很好地体现出材料的不同性格。

图4-1-1 Dior（迪奥）2015 SS系列黑白廓形

图4-1-2 Blugirl（蓝色情人）2015春夏女装

3. 外型的个性

每件衣服都有属于自己的个性，外型在除了表现形态、衣料之外，还能表现出衣服本身的个性。比如年轻型的，通俗型的，高雅型的，活泼型的等，这些均可以帮助人们来识别服装不同的类型。现在就让我们从以下几款实例中，来具体的感受一下外型所表现出来的个性特征。

（1）年轻的外型：观察这款外型，可以直接让我们感受到青春的气息。它显得生机勃勃、敏捷、新鲜、非理性并具有适合青年人的机能性，如图4-1-2所示。

（2）通俗的外型：这是一款普通的连衣裙外型，任何女士都可以安心的穿用，不用担心他人的指责。也许它不具备华美的样子，但质朴、大方却是不可否认的。在夏季，无论什么时间穿，都会显得平和、无可挑剔，而且超越了年龄的界限，如图4-1-3所示。

（3）高雅的外型：这款外型看上去高尚典雅，比例完美，而且显得柔和、安详、平易近人。虽然洋溢着年轻的气息，但却并不属于少女的装扮，如图4-1-4所示。

由上述三例可以看出，外型的确是设计的关键，也可以说是服装设计的根本。凡是流行服装的设计，肯定都要从外型的构思入手。

二、外型的种类

前面我们谈到了外型对于服装这种形态来讲，是至关重要的视觉因素。也是设计师非常注重表现的部位之一。近年来服装流行趋势中所体现的外型特征，基本上包含了以下12种形态。

1. 四方型（腰部宽松）

身体部分及肩部较宽，侧边呈直线造型，肩部通

图4-1-3　2016春夏米兰女装

图4-1-4　晚礼服2016春夏米兰

过加放垫肩使之形成方肩型（也有使用垂挂性面料作落肩袖设计的），下摆不收或者略收，整个外型看上去犹如一个四方型，如图4-1-5所示。

2. 椭圆型（圆形造型）

整体宽松，肩部呈宽大的圆弧形状，在下摆处变窄，略收起，如图4-1-6所示。

3. 倒三角型（V字形造型）

肩部较宽并加入垫肩，至下摆处缩窄，收紧。整个造型有一种庄重、向上的风范，如图4-1-7所示。

4. 直筒型（H字形造型）

最大的特点就是腰部宽松，这种廓型已经持续流行了数季，特别是在春夏两季更是流行的主流之一。当然这种廓型也不是一成不变的，不同点就在于它的宽松程度不同，如图4-1-8所示。

5. 腰部合身型（下摆张开的X字形造型）

这种外型的腰部合身收紧，下摆线条打开。裙子是用打褶或者波浪的形式来塑造成宽松的效果。肩部线型大多采用宽肩处理，有些呈方肩形线条，或加入垫肩，或在袖山上打褶，使之形成一种宽松蓬扩的感觉，如图4-1-9所示。

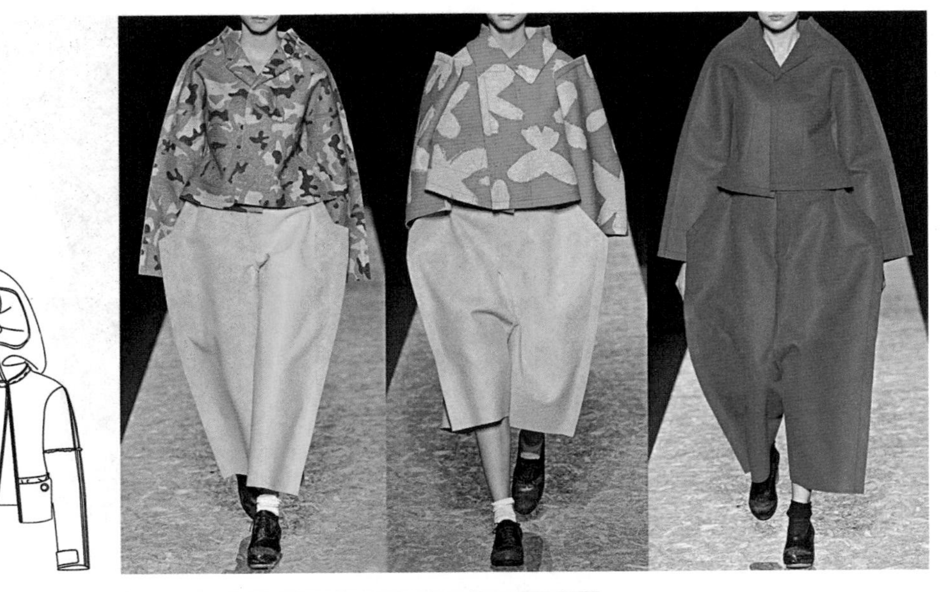

图4-1-5 2012/13秋冬 Comme des Garcons（川久保玲）主题廓形

图4-1-6 2012/13秋冬 Comme des Garcons（川久保玲）主题廓形

6. 腰部贴合型（下摆呈窄裙状的花瓶形造型）

这种外型是通过在肩部做塑肩处理，使肩部呈阔肩型。而腰部至臀部间的线形，则紧贴人体形成圆滑的曲线，整体上看好似一支花瓶。此种外型如果是作套装或者作两件式的衣服，上衣的长度一定不要超过腰节线，如图4-1-10所示。

7. 梯形造型（底摆宽松型）

肩部不做处理或少做处理，衣身侧摆缝从上至下宽出，构成斗篷形状。整个外型看上去给人一种上细小，下宽大的感觉，如图4-1-11所示。

8. 美人鱼型

上半身至臀围处为止与腰部贴合式造型相同，只是裙摆处由收缩后再打开，犹如美人鱼的尾鳍，故称之为美人鱼型，如图4-1-12所示。

9. 自由型（贴腰窄下摆）

自由型是近来的最具代表性的流行外型，其特征

图4-1-7 Luis Buchinho（路易斯·布驰）2016春夏女装

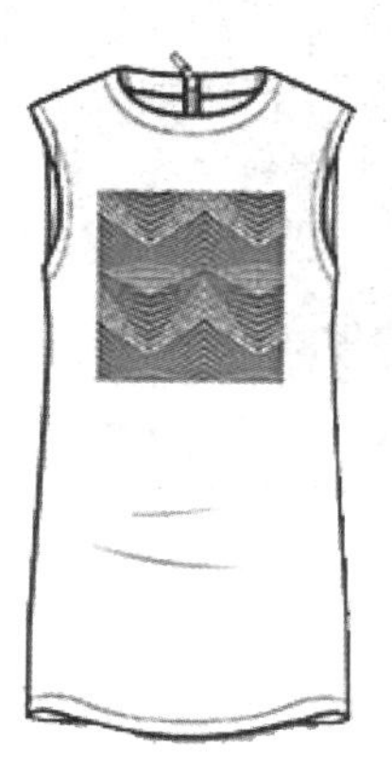

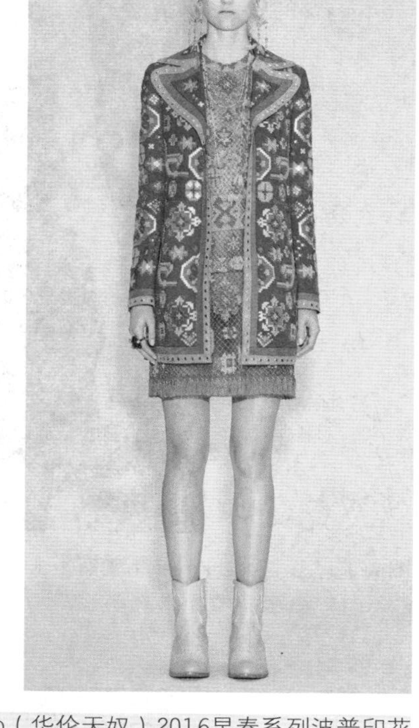

图4-1-8 Valentino（华伦天奴）2016早春系列波普印花纹大衣

图4-1-9 Dior（迪奥）2015 SS高定系列蓝色蕾丝刺绣抹胸

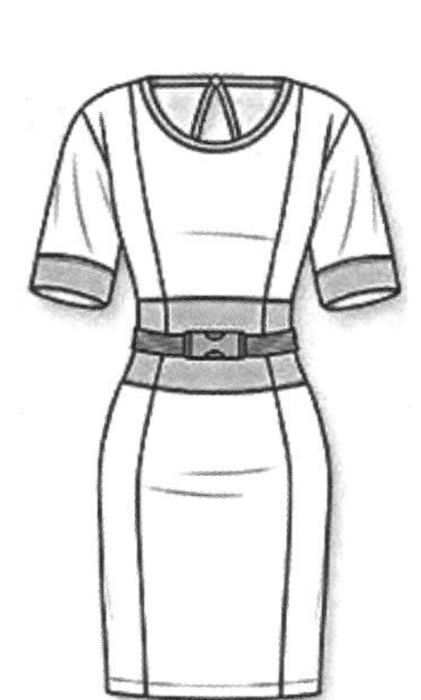

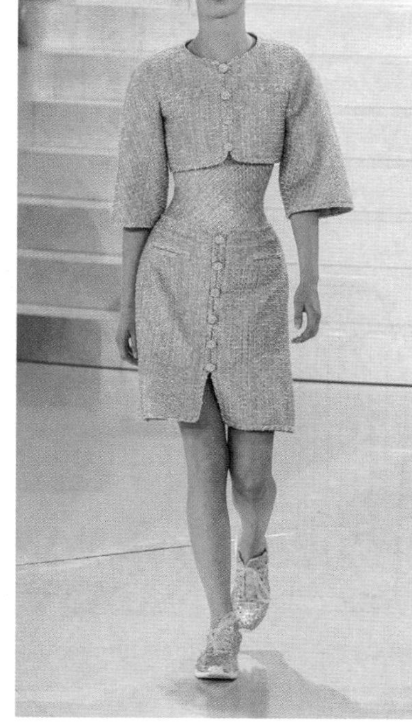

图4-1-10 Chanel（香奈尔）2014 SS高定系列银黄色花呢裙套装

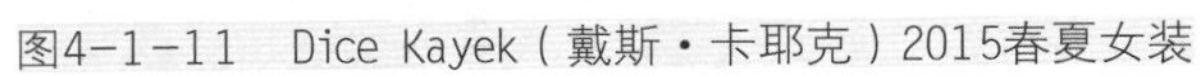

图4-1-11 Dice Kayek（戴斯·卡耶克）2015春夏女装

图4-1-12 2015春夏米兰婚纱发布会——轻薄鱼尾裙

图4-1-13 Hendrik Vermeulen（亨德克·维莫里）2015/16秋冬女装

图4-1-14 Dior（迪奥）2014 AW高定系列米白色花纹提花礼服

是通过强调肩部使腰间看起来更加纤细。腰部到臀部的平滑曲线和缩小了的裙子下摆共同组成了小气泡式的圆形弧线造型，看上去，给人一种自由浪漫的感觉，如图4-1-13所示。

10. 贴腰蓬裙型（下摆张开）

这类造型，腰部采用贴合式的塑造方法。裙子通过加放衬裙（纱绸面料）或通过在腰部至臀围线处做塑型处理，把裙摆支撑开来，形成较为宽阔的造型特征，颇具古典风范，如图4-1-14所示。

11. 细窄型（瘦身型）

细窄型是一种精简贴身的造型设计，颇有罗曼蒂克的风格。在任何一种流行主题中，我们都可以看到这种修身适体的服装外型。它是一种广受欢迎，高雅而又不受流行所左右的外型设计，如图4-1-15所示。

12. 三角型（A字型）

此种造型与梯型设计颇具相似，只是三角型的肩部采用自然形的设计方法，不加垫肩，腰部也可略微收起。整个外型呈上小下大的造型特点，如图4-1-16所示。

关于服装的外型虽然不仅仅只有这些，但其他的外型基本上是在以上这些外型的基础上演化而成的。在服装的设计过程中，外型的确是非常重要的，它直接影响着一件衣服所受欢迎程度的大小。另外，应当注意的是在进行外型的内部设计时，要做到内外形式上的统一，切不可因为内部造型的无序性而破坏了外型的整体风格。

图4-1-15 Alexandre Vauthier亚历山大·福堤2015 AW高定系列白色切割礼服

图4-1-16 2016/17秋冬女士单品

第二节　服装外型的分割

一、外型的比例配置

服装的外型设计是设计师借助轮廓线、构造线、装饰线，三者的组合来完成的。其中构造线与装饰线是按照不同的设计要求，在服装的外型线，即服装的轮廓线之内进行不同的比例配制，来完成最终的设计效果和不同的设计风格的。这种不同的比例配置共分为两种：即分割的比例与分配的比例。

1．分割的比例

是利用轮廓至轮廓的线，以一定的面积分割成二或三及更多的等份。例如：领线，剪接线，口袋线等。

2．分配的比例

是指所分配的面积与整体面积大小的比较。如口袋的位置，领结的大小等。一般被分配的东西大都含有装饰性的要素。

那么，什么是构造线、装饰线和轮廓线呢？构造线实质上就是服装上的结构线。如剪接线、裁断线、分割线等。装饰线，即那些与衣服的构造没有直接关系，但却能使服装看上去更加富于变化，更加美观的线。如装饰缝、刺绣、叠褶、荷叶边等。而轮廓线就是穿着者将衣服穿着起来以后所形成的衣服全面积的线条，也就是我们讲的“服装的外型”。另外，有时构造线和装饰线的界限分得并不是那么清楚，即构造线也可充当装饰线。如裙子的抽褶、自然褶和在结构线上的缉压明线等。

图4-2-1　垂直分割

二、外型的分割方法

服装外型的分割是服装款式设计的基础和起点，当服装的外型被确定以后，就要按照形式美的法则，利用构造线（结构线）和装饰线对服装的外型进行具体的内部分割，从而来完成服装款式由局部到整体的设计工作。其分割的方法共包括以下几种类型：

（1）垂直分割，如图4-2-1所示。

（2）水平分割，如图4-2-2所示。

（3）垂直水平交错分割，如图4-2-3所示。

（4）斜线分割，如图4-2-4所示。

（5）斜线交错分割，如图4-2-5所示。

（6）直线分割，如图4-2-6所示。

（7）曲线分割，如图4-2-7所示。

（8）对称分割，如图4-2-8所示。

（9）不对称分割，如图4-2-9所示。

（10）规则分割，如图4-2-10所示。

（11）不规则分割，如图4-2-11所示。

图4-2-2　水平分割

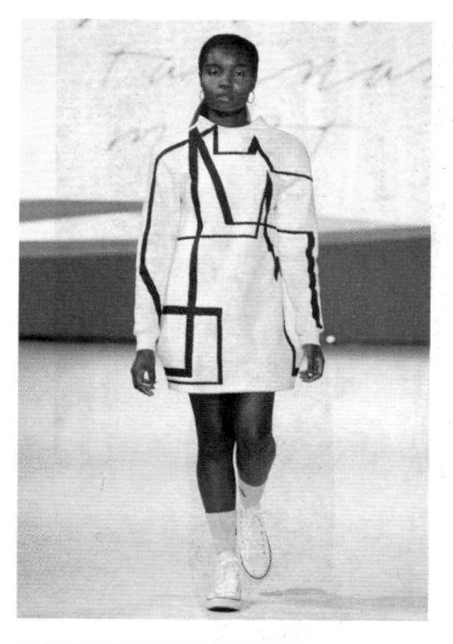
图4-2-3　垂直水平交错分割

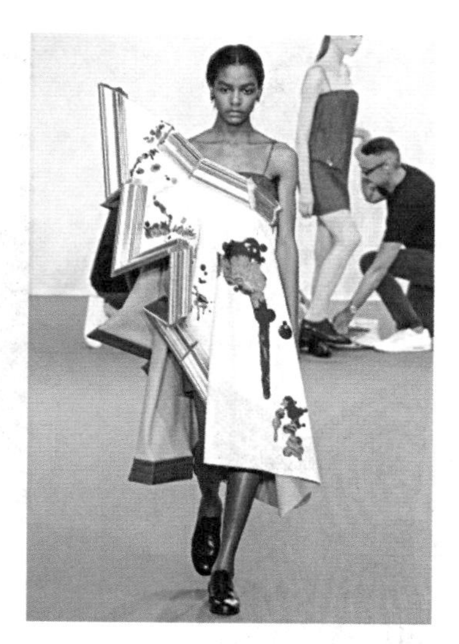
图4-2-4　斜线分割

图4-2-5　斜线交错分割

图4-2-6　直线分割

图4-2-7　曲线分割

图4-2-8 对称分割

图4-2-9 不对称分割

图4-2-10 规则分割

图4-2-11 不规则分割

练习与思考

1. 探讨服装外型与流行的关系。
2. 选择6种分割方法对上述所讲的12种廓型进行内部分割练习。（黑白稿八开，13张）

第五章
服装色彩及应用

在人类的衣生活文化中，色彩一直都在扮演着极其重要的角色。从服装的起源上看，色彩一开始便被用来装扮人类，先人们的色彩画身、瘢痕纹身、刺痕纹身等这些服装的最初形态都没有离开过色彩。随着纺织技术的飞速发展和人类对色彩知识的进一步了解，以及科学技术的运用。色彩与各种不同材料相结合而产生的丰富多变的色彩个性与表情，既极大地丰富了人们的衣生活文化，又为人们的着装提供了更广阔的选择空间。而且，伴随着人们对色彩认识的不断深入，人们在服饰的选择、色彩的运用等方面也越来越挑剔。因此，要成为一名合格的设计师，就必须认真地学习和掌握色彩的理论知识，并学会在服装的设计过程中能够科学合理地加以运用，以满足消费者的需求。

第一节　服装色彩的含义

色彩在服装造型诸多因素中是最引人注目的，其次才是服装的款式、造型、面料及工艺等。在视觉的接受过程中，色彩最先闯入人的眼睛，刺激视网膜，形成色感，产生各种感性的因素。所谓远看颜色近看花，不仅是指距离上的远与近，还包含着视觉上的先与后。当我们走进商店选购服装时，首先注意到的是衣服上的色彩。不喜欢的色彩再好的款式、面料，也很难称心如意，直接影响着我们购买的欲望。因此，色彩在服装造型中运用的好与坏在很大程度上直接并决定着一件作品的成败。所以我们称色彩是服装的灵魂，可见色彩对服装造型的意义有多大。

一、色彩的基本性质

色彩是物体本身的固有色，经由光的照射，作用到人们的视网膜上，才使我们产生出这种或那种色彩的感觉。在自然界中，色彩的物体可分为两大类：一类为发光体，如太阳光、灯光、火光等；另一类是受光体，如建筑、树木等。色彩需经光照才能显示，光源变化了，色彩也随之而变，光与色是不能分割的。世上有无色的光，没有无光的色，在漆黑的夜晚，没有了光也就看不到色彩了。

我们平时所讲的视觉，包括光觉和色觉两大部分，光觉系指明暗，色觉系指对色彩的感觉，如红、黄、蓝等。我们通常所用的、所讲的色彩，即色觉。主要是指从太阳光中所分离出来的颜色，即红、橙、黄、绿、青、紫，我们把这六色按顺序排列绕成一环，就形成了色环，如图5-1-1所示。在色环上互相邻近的色彩，称邻近色，如红与橙、黄与绿等。相对应的色彩称对比色，如红与绿、黄与紫等。

一切色彩都有色相、明度、彩度三种性质，也就是色彩的三属性。而任何色彩的面貌则是由固有色、光源色、环境色三个方面的因素所决定。色彩分暖色、冷色、中性色，如图5-1-2所示。但色彩的冷暖是相对的，并不是绝对的，如红与橙色都属于暖色，但放在一起比较，我们会感到后者要比前者更暖一些。冷色系的色彩也是如此。而中性色则是靠近暖色系的色性偏暖，靠近冷色系的色性偏冷。总而言之，色彩的性质是相对的、可变的，要灵活运用才能创造出好的作品。另外，色彩在混合的过程中矿物质的颜料色彩越混合越暗，而光的色彩则是越混合越亮。

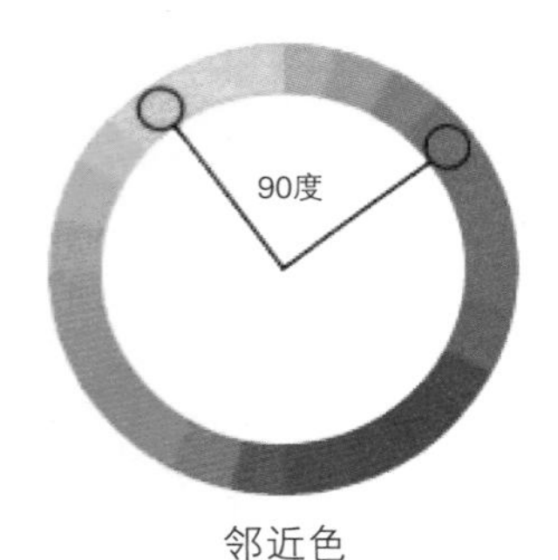

图5-1-1　色环

二、色彩的名称及概念

（1）原色：任何色彩都无法调和出来的颜色。即色相环中的基本色，红、黄、蓝三色。

（2）间色：由两种原色调配而成的颜色即间色。如黄加蓝成绿。

（3）复色：由两种以上的间色调配而成的颜色即复色。如橙加绿生成褐。

（4）色相：即色彩的面貌，又称之色彩的种类。

（5）明度：色彩的明暗程度。不同的色彩之间存在着明度的差异，从色相环中我们可以看到，黄色最亮，即明度最高，蓝色最暗，即明度最低。

（6）纯度：色彩的艳丽程度，高纯度的色彩显得华丽，刺激性强。低纯度的色彩显得朴素安定。

（7）暖色：给人以温暖热烈感觉的颜色。如火、阳光等物质呈现出的红和橙色等。

（8）冷色：给人以寒冷、沉静感觉的颜色。如月光、蓝天等物质呈现出的蓝灰及偏湖蓝色等。

（9）中性色：给人以不冷不热之感，处于冷暖之间的色彩。如粉绿、粉红、金、银、灰、黑、白等色彩。

（10）固有色：指物体的原有色彩。

（11）光源色：指物体的颜色受光的照射，所起变化后的颜色。如蓝色的物质因黄光照射而变成蓝绿色。

（12）环境色：环境对物体所引起的反光颜色。

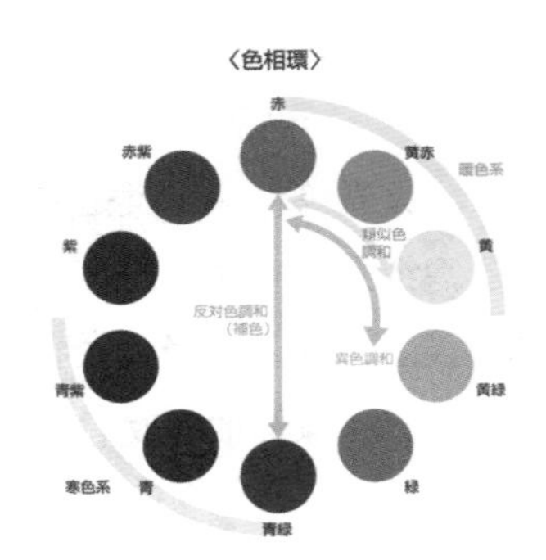

图5-1-2　色彩分暖色、冷色、中性色

（13）无彩色：通常指黑、白、灰、金、银五色为无彩色。

（14）色调：色调就是颜色整体形象的外观。即某些颜色借配色而表现出的整体感觉。如暖色调、高雅色调、华丽色调，等等。

第二节　色彩的心理感觉与联想

色彩经过人的视觉，传达到人的神经中枢，产生出不同的心理感觉，激发起联想，我们称这种现象为色彩的形象效应。色彩的形象效应是由观察者的联想而产生的，不同的观察者对同一种色彩形象的反应也不同，我们很难下一个统一的结论。但是色彩既被人们所共识，那么它必定会有许多共同的地方，使人们产生类似的联想。因为人不是孤立存在的，他毕竟是生活在一个相对的社会环境中或者一个集体里。学习色彩的目的在于如何更有效地利用色彩，因此，我们必须充分地了解色彩的心理感觉与联想，如表5-2-1所示。

表5-2-1　色彩的联想

色彩	抽象联想（概念）	具体联想（现象）
红	热情、活力、危险、革命	太阳、火、血、口红、苹果
橙	温情、阳气、疑惑、危险	桔子、橙、柿子、胡萝卜
黄	希望、明朗、野心、猜疑	香蕉、菜花、向日葵
黄绿	休息、安慰、安逸、幼少	嫩叶、草、竹
绿	和平、安全、无力、平安	田园、草木、森林
青绿	深远、胎动、诽谤、妒心	海洋、深绿宝石
青	沉静、理智、冷淡、警戒	天空、水、海
青紫	壮丽、清楚、孤独、固执	紫地丁、桔梗
紫	高贵、忧婉、不安、病弱	菖蒲、葡萄
红紫	梦想、幻想、悲哀、恐怖	酒楼、烂肉
白	纯洁、明快、冷酷、不信	雪、棉、纸、白兔
灰	中性、谦逊、平凡、失意	鼠、灰、云
黑	神秘、严肃、黑暗、失望	炭、夜、黑板、黑发

一、色彩的冷暖感

色彩的冷暖感主要是由色彩的色相决定的。例如当看到红色时人们就会联想到

红旗、血和火光等，产生一种振奋、温暖的感觉。而当人们看到蓝色时，又会联想到天空和大海而让人感到宁静、清凉和广阔，这就是色彩的冷暖感。

在色彩中桔红色是暖感最强的色彩，蓝色则是冷感最强的。我们通常把靠近桔红色的色彩称之为暖色系；把靠近蓝色的色彩称之为冷色系。而那些两者均不靠的我们则称之为中性色，中性色与冷色调配成冷色调，反之成暖色调，如图5-2-1所示。

色彩的冷暖感，除了由色相决定以外，也受到明度的影响。如大红和粉红，前者要比后者暖的多；而深蓝和浅蓝相比，深蓝又要比浅蓝暖一些。

图5-2-1　色彩的冷暖感

二、收缩与膨胀感

一般来讲，暗色有缩小之感，明色与暖色有膨胀之感。如相同的方形，一个紫色、一个黄色，紫色与黄色相比会使人感觉到它比紫色要略小一些，这就是收缩与膨胀感，如图5-2-2所示。

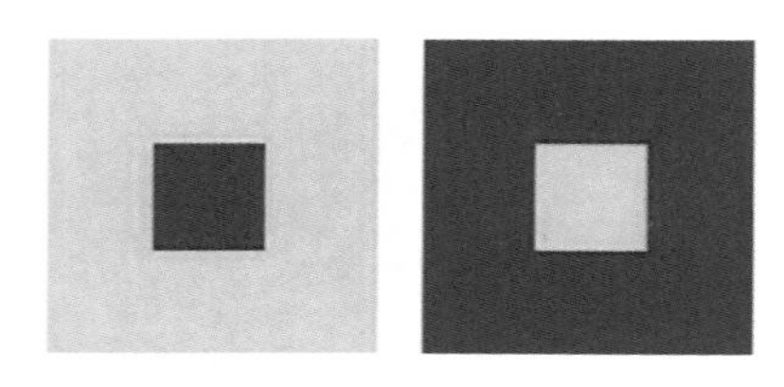
图5-2-2　色彩的收缩与膨胀

三、前进与后退

同一背景，面积相同的图形，会因色彩的不同，而使人感到有的在前面，有的在后面。如红色和蓝色相比，红色就有前进的感觉，而蓝色却有后退的感觉。所以一般情况下，明色与暖色会给人以突出向前之感，而暗色和冷色则给人向后退的感觉，如图5-2-3所示。

四、色彩的轻重感

色彩的轻重感，主要由它的明度决定。一般情况下，高明度的色彩使人感到轻快，而低明度的色彩使人感到沉重。如女性穿上深蓝色的裙子会给人一种沉着、稳重的感觉，而换上明色的裙子则会给人一种不安定的轻快感，如图5-2-4所示。

五、色彩的视错

视错是一种视觉上的错误，即人的视觉所观察到的物体与客观实际不符。

例如：当我们把同一块蓝色分成三等份，将其分别放在一块玫红色的纸板上，一块红色的纸板上和一块黄色的纸板上时，我们会发现同一种蓝色因底板的不同，色相也随之变化了。与玫红色板上的蓝色相比，红色板上的蓝色偏紫色，而黄色板上的蓝色则偏绿色。这是因为当不同色相的色彩相互组合在一起时，色彩与色彩之间会产生相互竞争、相互

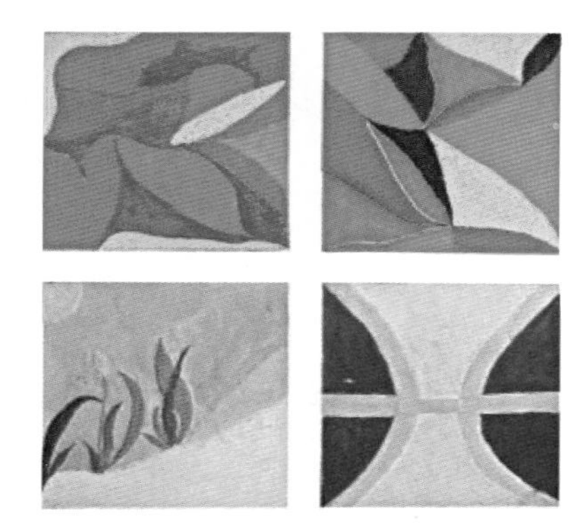
图5-2-3　色彩的前进与后退

排斥和相互影响的现象，从而扰乱了我们正常视觉的观察能力，因此造成了视觉上的差错，如图5-2-5所示。

色彩中，色相、明度、纯度等因素，因组合的形式内容不同，都会引起我们视觉上各种各样的观察错误。在服装造型中，如果能合理地运用这些视错现象，可能会产生意想不到的艺术效果。

图5-2-4　色彩的轻重感

第三节　服装色彩与诸因素的关系

在服装设计中，色彩的运用不是独立的，必须要考虑与其他相关因素的关系。因为构成服装最终结果的因素是多方面的，仅强调色彩的作用，而忽略了其他因素的存在是很难得到一个优秀的设计作品的。只有在设计中不断地调整色彩与诸多因素的协调关系，才能创作出真正完美的设计作品。

图5-2-5　色彩的视错

一、服装色彩与面料的关系

在服装色彩中，不同的色彩给人不同的感觉，而这种色感是通过面料的质感来体现的。服装面料的质感与色彩是密不可分的，一旦面料的质感改变了，服装色彩的感情也会随之变化。进一步讲，同样的一种颜色，出现在不同面料上会产生不同的审美感受，例如：同是一种黄颜色，出现在丝织面料上给人一种轻柔、华丽的美感；出现在毛织面料上给人一种厚重、朴实的亲近感；出现在革类面料上则给人一种飘浮不定的距离感，服装的色彩是附着在构成服装的材料上面的。在服装造型中，选用什么样的面料和选配什么样的色彩是非常讲究的。同样的色彩，因质地不同会产生相当大的差别。

因此，在服装造型设计上不但要考虑色相本身的调配，还要考虑与材料的相互结合，对于服装色彩的运用不能停留在对于色彩的一般性的认识和理解上，而应充分把握其面料质感和色彩之间的内在的关联性。从设计的角度讲，色彩与面料的这种有机的组合是没有止境的，它给设计师提供了无限的设计空间。

二、服装色彩与人的关系

1. 与肤色的关系

肤色白皙的人适合各种颜色，其中明亮、鲜艳的色彩为最佳的服装用色；肤色较黑的人不适合穿暗色调或过于素静的冷色调服装；肤色偏黄的人不宜穿用黄色和紫色调的服装。

2．与体型的关系

体型较胖的人宜穿小花纹和竖条纹图案的服装，不宜穿大花形和斜条纹图案的服装。选择用色时宜采用较深或冷色调的色彩；体型瘦的人宜穿横条纹、斜条纹及大花形图案的服装，色彩宜采用浅而明亮的鲜艳色调。

3．与年龄、性别的关系

不同的年龄、性别选配不同的色彩是构成服装的一个重要因素。人随着年龄的增长对色彩的认识和要求也不同。

一般来讲；儿童天真、幼稚、思想单纯，宜选用那些活泼、明亮、鲜艳、对比强烈的服装色彩。青年人好奇心理强、热情、想象力丰富，易接受新事物，应选用那些清新华丽的时髦色彩。而中老年人知识丰富、性格成熟。因此，选用一些含蓄的暗色调和中性色调的色彩效果更佳。

男女因性别不同，反映到内在气质和外在感觉上也截然不同。一般男性雄健、高大，因此宜选用庄重大方的色彩。如平静的青色、淳朴的灰色、严肃的黑色、深厚而坚实的褐色，以及稳定的中性色等。

女性秀丽、柔美，依个人的喜好可分别选用热情的红色调、典雅的紫色调、沉静的蓝色调、含蓄的绿色调、纯洁的白色调、华贵的黄色调，等等。

4．与人性格的关系

选择与人的性格相协调的色彩是构成服装美的又一个重要因素，任何一个人因成长的过程和环境不同，所以性格也不同。俗语讲，一个人一个脾性。因而，反映在对服装的色彩要求上也就不一样了。我们往往可以通过一个人的着装色彩，来了解这个人的性格。因此，对各类人物的性格分析就成为我们在选配服装色彩时首先要做的工作。

从色彩的象征性和对人们的普遍心理及性格分析中，我们可以看到：大致上性格温和的人喜欢温暖的色彩；性格内向的人喜欢沉静的色彩；性格爽朗的人喜欢明快的色彩；性格刚烈的人喜欢红色或对比强烈的色彩。

总之，要得到与穿着者性格相符合的色彩，就必须认认真真地去分析着装者的性格特征，才能达到我们的目的。

三、服装色彩与环境的关系

从着装环境来看，服装的色彩主要是给穿用者以外的人观赏的，因此，服装设计对于色彩的处理需考虑与着装环境相互衬托和相互融合的统一关系。局部与整体协调，是人类审美的重要标准之一，服装色彩与环境的关系也是一样的。有过配色经验的人都知道，当一块艳丽的色彩放在一大堆艳丽的色彩之中，它便失去了艳丽感。而一块不太艳丽的色彩，当把它放在一大堆低纯度的灰色里时，却能产生出非常艳丽的色彩感觉，这就是环境的关系。

再者，从服装的视觉感受上看，色彩最能营造服装的整体艺术氛围，在时装展示中尤为突出。服装色彩处理的理想与否直接影响着其展示效果，因为色彩往往给人第一印象。我们经常有这样的体会：当某人从远处走来时，最初我们看到的只是他的服装的颜色，随着距离越来越近，看到的才是服装的款式造型和面料特征。服装伴随着着装者走进每一个空间环境，如自然界、城市、乡村、会场、舞厅等。不同的环境会有不同的色调、气氛和情绪。服装在配色时应考虑到这些不同的环境因素对服装色彩的不同要求。服装的色彩一定要和周围的环境相协调，才能使人感到赏心悦目、舒适愉快并产生心理上的平衡。如田径场上，只有色彩艳丽对比强烈的服装方能使人感到竞争的激烈和气氛的紧张，而课堂上只有学生穿着色彩整洁素雅的服装，才能形成一个安静的学习环境。因此，在服装色彩与环境的关系上，协调是第一位的。

四、服装色彩与季节、气候的关系

服装的色彩与季节和气候的变化是分不开的，不同的气候、季节对服装色彩的要求也不相同。

从气候的区域性角度来讲，气候炎热的区域宜选用浅色、明亮的色彩。因为这类色彩的服装具有反光强、散热性能好的功能。气候寒冷的区域，服装宜选用暗色调的色彩，如黑、蓝、紫等和暖色调的色彩，如大红、桔红、深红等。因为以上色彩易吸光、保暖性强，具有温暖的视觉观感。风沙和泥土较多的区域宜选用深色和耐脏色，如褐色、灰色等。因为这类色彩的服装耐穿。

从季节的角度来讲：春天万物复苏，一片生机盎然，服装的颜色应选用一些较为鲜艳的色彩。如淡红、淡紫、嫩黄、嫩绿等。夏天，烈日当空，强光耀眼，到处都是一片浓郁的墨绿，服装的色彩应选用一些清淡素雅的色彩。如淡蓝、白、淡黄、明灰、中性的复色等。秋季遍地金黄，是收获的季节，成熟的季节。服装的色彩宜选用含蓄、偏暖的色调：如黄、橙、赭、铁锈红等色彩。冬季，寒风萧萧，树木凋谢，北方的自然环境是一片灰白沉静的色调。服装的色彩宜选用一些稳重的暗色调。另外，有生气对比强烈的色调也不错。总之，要得到好的服装色彩效果，就要抓住人的心理，根据不同的季节、环境、时间、潮流采用不同的色彩与之相适应。

图5-4-1　Max Mara（马克斯·玛拉）2023春夏女装

第四节　服装配色的基本方法

服装配色的目的是塑造美的服装视觉形象，使其具有强烈的艺术魅力和表达明确的思想性。起到美化人们生活和美化人们周围环境的作用，并充分地展示出它的服用机能。服装配色的基本方法有以下几个方面。

一、调和

在服装配色中凡优秀的服装作品，其色彩的配用都是既丰富多彩又和谐统一。调和的服装配色会给人一种赏心悦目的感觉，不调和的服装配色则会使人感到生硬、刺目、厌烦。可见色彩的和谐在服装配色中的位置是至关重要的。色彩的调和一般有四种：

（1）单色调和：是指单纯的一种颜色应用它的灰度变化或明度的差别来配合而得到的和谐效果，这种配色是最易取得调和的方法。如图5-4-1所示，浅绿色的大衣配草绿色的内搭，不足之处是容易产生单调感。

（2）类似调和：在色相环中，位置邻近的色彩之间搭配组合所产生的和谐感，就是类似调和，如图5-4-2所示，这种调和比前者变化丰富，往往能产生许多优美的服装配色。

图5-4-2　Issey Miyake（三宅一生）2016春夏女装

图5-4-3　Issey Miyake（三宅一生）2015秋冬女装

（3）补色调和：补色调和是在色相环中相对应的色彩之间进行配用而取得的调和，又称对比调和。这种调和是配色方法中最难的一种，如果运用不当失败的可能性很大，但如果处理得好，则会产生非常迷人的配色效果，如图5-4-3所示。

（4）多色调和：即使用四个或者四个以上的颜色进行搭配所取得的调和。这种方法在使用过程中，不要采取各色等量分配的方法，而应是从中选出一个主导色，并排划出其他色彩的大小配制顺序，这样才能取得调和的效果。例如：在整套服装中，占大面积的，像长衫、外套、套装等应选用一种颜色，即主导色。像短衫、衬衣、鞋、帽、手套、皮包等这些所占面积比较小的衣服和服饰品，则按其在整套服装中所占的分量大小来确定其色彩的鲜艳度和秩序性，使之既能与主色调保持统一，又能起到一种活跃气氛的作用，如图5-4-4所示。

二、色彩面积的比例分配

图5-4-4　Louise Gray（路易丝·格蕾）2013秋冬女装

色彩面积的比例分配，直接影响着配色是否调和，无论上述哪类调和，其关键均在于如何掌握面积比例分配的尺度。一般从数量上来讲：当两种色彩配合时，应让一种色彩的面积大一些，另一种色彩的面积小一些，三种色彩配合时其面积分配应第一种大量、第二种适量、第三种少量。

从色相、明度、纯度的角度来讲：

（1）色相：面积应让一个占优势，其他的处于从属地位。如万绿丛中一点红，就是一个典型的例子。

（2）明度：明度的面积分配可根据需要灵活掌握。要想得到明快的色调，就让明亮的色彩占大的面积，如要得到庄重、沉稳的色调就让低明度的色彩占大的面积。

（3）纯度：纯度低的色彩在应用时其面积应大于纯度高的色彩的面积，一般可得到和谐的效果。

三、色彩的平衡

在服装的配色上，要注意色彩在造型中的平衡问题。平衡的色彩会使人在视觉上产生安定的感觉，如图5-4-5所示。在服装造型过程中，色彩的配用要取得平衡就要注意以下几个方面：

（1）使色彩的搭配在服装造型中，上下平衡、左右平衡、前后平衡。

（2）使色彩的明暗度在服装造型中，上下平衡、左右平衡、前后平衡。

图5-4-5　Issey Miyake（三宅一生）2015秋冬女装

图5-4-6　Issey Miyake（三宅一生）2015秋冬女装

图5-4-7　Issey Miyake（三宅一生）2016春夏女装

（3）使色彩的高低彩度在服装造型中，上下平衡、左右平衡、前后平衡。

四、色彩的节奏

色彩的节奏，即利用色相、明度、纯度的变化，在服装造型上重复使用所得到的律动感，如图5-4-6所示。在服装配色中一般有两种节奏形式：

（1）以同一种色彩在服装不同的部位重复出现而产生的节奏感，如在服装的领子、袖口、口袋饰以同色的装饰材料而获得的节奏感。

（2）层次节奏，以色彩中不同的色相、不同的明度、不同的纯度按其各自的特点，依顺序排列的形式组合在一起所产生的节奏感。

五、色彩的强调与点缀

利用合理的色彩搭配，对服装的主体部分进行强调与点缀是我们在设计中所常用的方法之一，如图5-4-7所示。强调与点缀的色彩既可以用对比色，也可以用同类色。对比可增强吸引力，统一可增强稳定感。在一套服装中强调与点缀的部位不宜过多。一般情况下，一至两处为宜。多了则乱，会分散视觉上的注意力，所谓多中心而无中心就是这个道理。

六、色彩的间隔

色彩的间隔指的是利用无彩色，即黑、白、灰、金、银和有彩色的细线，

图5-4-8 Desigual（德诗高）2017春夏女装

对那些对比过于强烈而产生不和谐的色彩搭配进行分割，缓冲过渡和谐衔接，而形成调和统一的美感。如图5-4-8所示，色彩的搭配对比就过分强烈，在腰间加一条黑色的宽腰带进行分割过渡就会使之上下衔接自然，产生和谐的效果。

七、色彩的统一与变化

统一与变化是一对矛盾，过分的统一会令人感到呆板，没有生气。而变化过多则会使配色陷于混乱，没有秩序，如图5-4-9所示。在服装配色中能够正确地处理色彩之间的关系并不是件容易的事。要经过长期的艺术实践后，才能真正地灵活运用。一般来讲：一套服装上配色的数量不宜过多，通常一至二色即可，这样配色才能形成明确的统一色调。而在此基础上再加以适度的点缀色彩，在统一中求变化，就可以创造出一个既统一又有变化的色彩环境。总之，统一与变化是服装设计中贯穿始终的重要方法。

图5-4-9 Issey Miyake（三宅一生）2015秋冬女装

第五节　流行色与服装设计的关系

流行色是指在某一时期、某一地区、某几组色调为大多数人们所特别钟爱的色彩。它既有倾向性和季节性，又有清新感和愉快感。是这一时间最具象征性的代表。它是由英、法、德、美等国家及地区，有权威的可信赖的世界性色彩学研究机构，经过科学的研究而预测出来的，如图5-5-1所示。

流行色在人类生活中，最具普遍意义的代表要算是服装了。人们在选购服装时，一般都非常讲究色彩是不是时下最流行的。好的服装造型只有结合流行的色彩才能为人们所喜爱，而流行色的推行也需要借助相应的服装才能展示它的活力。流行起来的东西，往往都是因人们共同爱好而造成的。这里就有了一个关于美的问题，即相对时间内人们认为流行的东西就是美的东西。因为追求美是人的天性。只有共同的追求才能形成流行。流行色也不例外，即流行色就是美的色彩。

人类生活中，衣、食、住、行，衣字为先，因此流行色对服装的影响也就最大。一个服装设计师，如果不能迅速准确地及时掌握流行色的信息，并将其运用到服装造型中，即使款式造型设计得再美，也很难成为人们所青睐的对象。因此流行色与服装造型的关系是非常密切的，就如同花和阳光、鱼和水一样。

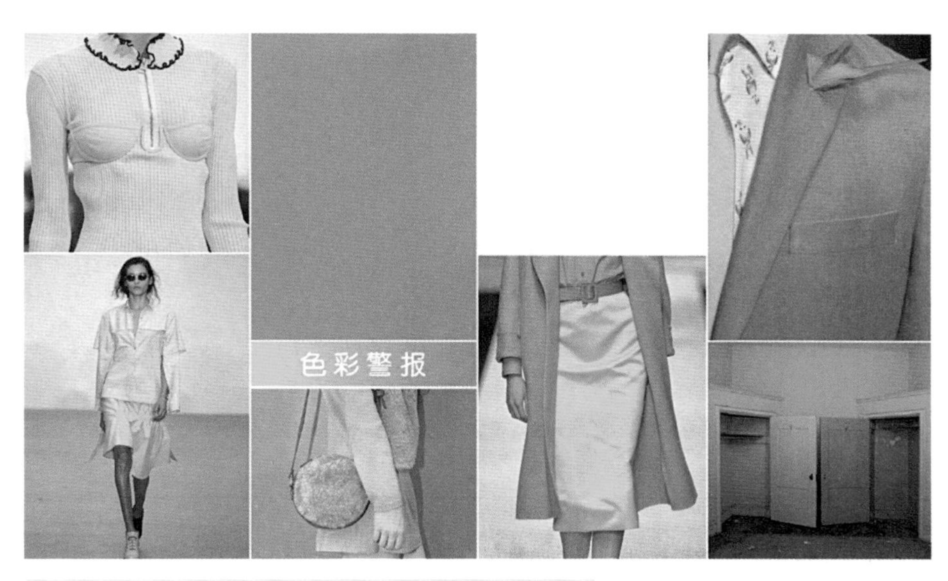

图5-5-1　2016年春夏女装流行色Top-1 CORAL珊瑚红

1. 利用所学的四种色彩调和方法各作一组女装设计练习。(四开纸、彩色效果图)
2. 论述在设计过程中如何处理色彩的统一与变化。

第六章

服装材料及应用

服装设计是一门以理论为指导的实践科学。再好的设计构思和计划，最后都要借助于衣料的加工制作来完成。对各类衣料的特点、性格的认识与把握的程度，就成为左右一件衣服造型的主要因素之一。因此在从事服装设计之前，必须对各类衣料有充分的认识，才能在设计时做到得心应手，发挥出它应有的作用。

第一节　服装材料的分类及特点

一、服装材料的分类

从构成各种衣料的织物原料来看，服装用料基本上分为三类：

第一类：为纤维制品。它包括：天然纤维、人造纤维、合成纤维三种纤维制品。

第二类：为裘革制品。它包括：革皮制品、毛皮制品两种。

第三类：为其他一些特殊材料制品。如：竹、木、石、骨、贝、金属等。

二、各类材料的特点

（一）纤维制品

1. 天然纤维

天然纤维分植物纤维（棉、麻制品）和动物纤维（毛、丝制品）两类。

（1）棉：棉织品自古以来就是人类日常生活中的必需品，为全人类所喜爱。古希腊时期，希腊人最具代表性的贴身衣服，叫开腾，就是用棉布制成的。

棉布的种类繁多，应用的范围非常的广泛，素有衣料之王之称，四季服装均可选用。其特点是经久、耐穿、易洗、爽快、舒服、价格便宜、吸湿性强、美观等。虽然它有易缩水、易褪色、落毛等缺点，但经过新的方法处理加工以后，已完全可以控制。而且这种改良的面料，其光泽、强度 、柔软感、吸湿性等都较以前有更大的提高。因此，在服装造型过程中，如能灵活地掌握它的特点，加以充分的利用，定能收到事半功倍的效果。

（2）麻：麻织品也是人类最先开始使用的衣料之一，约在一万年前的新石器时代就有了。上等品质的麻料，在古埃及是法老们逝去埋葬时专用的布料。

麻纤维具有较大的强韧性及较好的导热性，因而麻织品强力较高、质地坚牢、经久耐用。并且容易散发人体热量，出汗时不黏附人体，所以夏令时穿着会感觉凉爽舒适。故被时装设计大师迪奥尔誉为“夏季之王”。虽说麻料质地优美，但手感不如棉制品柔软，洗涤时不能使用硬性刷子及剧烈搓揉，以免引起布面起毛。

麻布一般有苎麻布、亚麻布及黄麻、洋麻等其他麻布。其中亚麻布是最为常见的。

（3）丝：我国是蚕丝的发源地。近年来对出土文物的考古研究指出，蚕丝在我国已有6000多年的历史。远在汉唐时代，我国的丝绸就畅销于中亚和欧洲各国，在世界上享有盛名。蚕丝是高级的纺织原料，以丝制成的衣料，具有多种优点。例如：丝的可染性强，因而经过漂染的丝料一般都具有色泽艳丽、光感强的特点。

由于蚕丝具有冬暖夏凉的特点，所以不仅可以作为冬装衣料，而且还可作为夏季衣服的面料。

丝制品与人体皮肤之间具有良好的触感和轻便、滑爽的感觉。因此是男女内衣的最佳用料。丝纤维具有良好的弹性，蚕丝制的衣服贴身性很高，这也是其他纤维衣料较难做到的。

另外，丝制品还具有吸水和散热性能极强的特点，做成衣服穿着在身上时，即使含水量达到30%，仍无闷热和潮湿感，且衣料本身的干燥感觉仍可维持。

如果说真丝面料有什么不足的话，那就是价格昂贵。因此，在服装的造型制作过程中一定考虑周到，尽量减少失败的可能性。

（4）毛：毛织品有以下的特性，由于羊毛有可塑性及良好的弹性与伸长性，经高温处理的毛织品，长久穿着不致发生皱折，能较长时间的保持挺括。

羊毛不易导热，又有缩绒性，经室温皂碱处理后，表面即可形成一层特殊的绒毛，能蕴藏大量的空气，同时由于羊毛有卷曲和压缩弹性，故保温性能强。

再者羊毛的吸湿性也较高，故毛织品的衣服穿着爽适。另外，羊毛表面有一层鳞片可保护纤维，故它的耐磨性也很好。

不足之处：如果含水量过高，又无充分的新鲜空气流通，容易发生虫蛀及发霉的现象。

毛织品面料的种类很多，可分为精纺面料和粗纺面料两大类。

精纺毛料类（俗称薄毛料子），毛纱支数通常在32支以上，多用双股线做经纬。经过精梳的羊毛，纤维顺直平行，故织物表面光洁，织纹清晰，手感柔软、富于弹性，做成衣服后平整挺括，不易变形，是春季与初夏、秋季最好的服装用料。

粗纺毛织品一般采用20支以下的粗支纱。表面毛茸很多，毛纤维排列较混乱，经缩绒起毛处理后呢身厚实，手感柔软丰满，保温性良好，宜作秋冬服装和大衣外套。但在制作裁剪时要注意茸毛的倒顺方向。

2. 人造纤维

人造纤维是在公元1884年的巴黎开发制造出来的，当时由于它与丝料非常的近似，在很长一段时间内，一直被认为是“人造丝”，故取名为人造纤维。它是利用不能直接纺织的天然纤维，如木材、稻草、棉秆、芦苇、高粱秆、甘蔗渣、棉短绒等原来含有纤维素的纤维原料，加以化学加工处理，把它变成和棉花、羊毛、蚕丝一样能够用来纺织的纤维。它主要有黏胶纤维、醋酯纤维、铜铵纤维、蛋白质纤维四种。

与天然纤维一样，人造纤维织品的质量也有高低之别。由于迄今尚无主管部门对生产厂家要求在人造纤维衣料上附加注明品质的说明，因而当你在选购时，要仔细的观察其质地的优劣，才能选择出能满足设计要求的材料。人造纤维虽然比较经济实惠，但也有令人不满的地方，如易松散，缺乏柔软感，缝合不牢易出现裂缝等毛病。

3. 合成纤维

合成纤维问世于20世纪初，它是利用煤炭、石油、天然气、石灰石、棉籽壳、玉米芯等原料，经过提炼和化学合成作用制成的。它的主要品种有尼龙、锦纶、腈纶、维尼龙、氯纶、乙纶、丙纶、氨纶等。

由于合成纤维是从化合物中提炼出来的，在大量生产的前提下，当然要比天然纤维制品来的便宜。这一点可以说是合成纤维最大的优点。另外合成纤维还具有易保管、易洗涤、穿着简便的优点。它的缺点是：通风性能差，与天然纤维衣料相比，穿起来皮肤感觉较差，而且容易产生静电反应和起毛现象。

人造纤维和合成纤维织品目前正在向纺毛、纺麻、纺丝等方向发展或者与天然纤维在特性上相互取长补短，进行混纺，以改善织物的服用性能。因此，各类新型面料如雨后春笋，层出不穷。在服装设计时要认真识别各类纤维织品的特征，选择那些与服装设计的目的相吻合面料，以保证服装设计作品的统一性与完美性。

（二）裘革制品

1. 皮革制品

随着社会的繁荣，人们物质生活水平的提高，各类皮革服装及服饰品，如手套、皮包、帽子、腰带、鞋靴等越来越受到人们的喜爱。特别是在冬季里，因为皮革制品具有抗风性能强、耐磨、美观、帅气、不用洗涤，光亮、穿着舒适等特点。尽管价格比较昂贵，但仍是大多数人所偏爱的装扮，因而在服装市场上长久不衰，独领风骚。

皮革制品多以牛皮、猪皮、马皮等原料为主。其中最常见的是羊皮制品，因为羊皮具有分量轻、柔软性能强、皮面光洁、质地细腻、货源充足等特点。

随着新工艺的研制，皮革的花色品种也在不断的增多，为服装设计人员提供了更加广阔的设计领域。目前皮革制衣，除了以皮料为主独立制作以外，与其他各类面料，如丝绒，羽毛，针织品，平纹布以及各种铁、铜等金属品结合的皮制衣服越来越多。因此，在服装款式造型上广泛地运用各种皮料与其他材料相结合的创作方法，已成为目前流行的又一大时尚。

2. 毛皮制品

毛皮自古以来就被当作如同珠宝般珍贵的衣料。款式造型上不论是长及足踝或短至膝上，均能散发出雍容华贵的绝代风采。毛皮的设计大都依其原有的色泽，以纹路和线条的表现为主，充分展示材料本身所具有的自然美，原始美。

随着加工工艺的不断完善，今日的毛皮已可施以脱色和染色等新的技术。使毛皮衣服的款式造型能更加融入流行感和色彩化，能更充分地表现出设计师对毛皮的高度设计技巧。设计师在设计时，除了整件服装的造型都用贵重的裘皮作衣料以外。也可以发挥毛皮的局部作用。例如，像简单的款式，只需在领口、袖口或下摆处饰以毛皮，即可同样达到雍容华贵的效果。毛皮的天然光泽和优良的触感是任何“人造品”所无法取代的，如图6-1-1所示。

由于毛皮衣物只适合于寒冷地区的人们穿用，如我国的华北地区、东北地区和西北地区等。所以毛皮衣物相对而言在服装中所占的比重并不大。再加之价格昂贵等其他客观因素，毛皮服装的生产量和销售量均不大。

（三）其他特殊材料制品

所谓特殊材料，就是指那些不常用来作为服装材料的物品。如竹、木、石、骨、贝、金属等。

这些特殊材料在今日作为塑造服装款式造型的素材，其目的和作用无非有以下三种。

（1）设计者利用以上这些特殊材料的特性，来展示自己的意念和追求的艺术风格。

（2）设计者勇于开拓服装材料的新领域，赋予以上特殊材料以新的生命和用途。

（3）通过利用竹、木、石、骨、贝、金属等物品来装饰和美化服装，表现设计者追求自然、复古怀旧的心态。

（四）辅料材质

服装辅料，它是除面料外装饰服装和扩展服装功能的必不可少元素。包括里料、填料、衬垫料 、缝纫线材料、扣紧材料、装饰材料、拉链纽扣织带垫肩 、花边衬布、里布、衣架、吊牌等。

1. 造型材料

马尾衬、黑炭衬以及各种厚薄不一的粘合衬等，还有垫肩和制作礼服用的尼龙（绳），都是为了更好地塑造衣服形态的辅助性材料。利用这些衬料，一方面可以使面料更加挺括，另一方面可以弥补身体之缺陷不足。

图6-1-1　毛皮制品

（1）马尾衬：由于天然马尾衬是一种高弹性材料，柔软中含有刚气、坚挺中透着一种软硬兼具的服装衬布，所以用料做成的马尾衬是当今国内、国际高档西装必不可少的辅料。它以纯棉纱或涤棉纱以天然马尾作为纬编织而成。用马尾衬制作的西服可按人体曲线构成而定形。服装成形后丰满、服帖。另外其抗皱性、洗后定形性更是其他材料无可比拟的，并产生永久的定形效果。

（2）马尾包芯纱衬：马尾包芯纱是用三股棉纱将马尾绞、绕、包、纺连接起来，形成无限长度的马尾包芯纱线。以棉纱为经，以马尾包芯纱为纬编织的马尾包芯纱衬，除具有马尾衬的各种性能外，在形式上门幅宽、衬料厚、风格粗放、弹挺力强。适于做面料较厚、要求挺括大方的风衣、大衣、礼服、军官服衬以及服装肩衬等，也可与马尾衬配合使用。

（3）黑炭衬：黑炭衬是以羊毛、驼毛等动物纤维为主体，经过特殊加工整理成的衬布，也可与马尾包芯纱、化纤长丝配伍。由于其组织结构及纤维选材、基布经过定形和树脂整理，使其具有各向异性的特性，在经向具有贴身的悬垂性，纬向具有挺括的伸缩性，产品自然弹性好，手感柔软挺括，保形性好。

2. 加固性材料

加固性材料主要有粘合衬、纱带等。因为面料剪开后会有不同程度的散边，若是斜向裁开更加不好收拾，所以需要用粘合衬使之牢固；还有领口、领片、口袋等部位零件常常需要这种材料加固；针织服装在肩部、裆部都需要使用纱带，这样使衣服不会变形。

3. 系缚物材料

除去弹力非常大的面料制作的服装外，衣服的穿着必然要借助系缚物材料。传统的系缚物材料主要有纽扣、拉链、结带等。现在的很多设计，系缚物材料早已脱离单纯的实用性，有时甚至可以当作纯粹的装饰。

（1）纽扣：纽扣在服饰中起着举足轻重的作用，它使衣物便于穿、脱。虽然后来拉链的出现，代替了部分纽扣的联系作用，但纽扣仍被广泛地使用。

纽扣的材料有天然的木头、贝壳、石头、金属、布、皮革以及人工的塑料、胶木等。

纽扣的审美功能十分明显，通常可以起到“点睛”的作用。一件普通的衣服，若是纽扣使用得当有新意，就会改变衣服的面貌。一般说来，纽扣的风格应该与衣服的风格一致。我国的盘花扣是非常有特色的，从实用功能和审美功能上看都十分优秀。近年国际上流行的中国风，其中借鉴最多的细节就是盘花扣。纽扣的实用功能仍在发展中，人们希望纽扣具有多功能，而且更方便（搭扣、按扣、子母扣儿）。

（2）拉链：从第二次世界大战军队上的拉链发展至今，已有金属拉链、尼龙拉链。尼龙拉链中包括宽窄、粗细型号十分齐全的隐形拉链、粘合拉链等。在现代服装中，拉链是不可缺少的。较之历史悠久的纽扣，拉链显得现代、活泼和前卫（常常纯粹用来做装饰）。在朋克（Punk）风格的服装中，拉链的装饰作用就更加突出，经常可以在一件朋克服装的表面上看到十几条甚至更多的拉链。在实用功能上，拉链更保暖、更方便。尤其是在登山服、防寒服这类需要严格防寒、保暖的实用服装中，拉链可以很好地起到隔绝冷空气的作用。夏帕瑞丽是第一位将拉链用于高级时装上的设计师，当时的服装媒体评价说，她的设计可以让贵妇们闪电般地完成着装过程。现在拉链多用于便装、运动装、青少年服装，最常与牛仔布、皮革以及防寒类等硬挺面料配合。

（3）结带：结带应是最为原始的衣物系缚物，带子可以是单独的织带（可以织出图案），也可以用面料制作，单根的、编织的，手法很多。当更为方便的纽扣和拉链发明以后，结带则被采用得越来越少，而在近几年的回归和环保主题的影响下，结带给人的感觉是朴素、天然的，人们重新开始重视结带的审美趣味和功能。

（五）新型服装材质的开发

随着科技和纺织业的发展，新的服装材料也在不断涌现，特别是一些混纺面料，用两种或两种以上的纤维混合后织造而成。如：麻腈混纺面料，既保持了麻织物的轻盈凉爽的特点，又增加其柔软性和易染色性，使织物色彩明快，挺括舒适。又如：用来做滑雪服的面料，是在棉纤维中加入聚酯纤维后加热加压使两种纤维交连在一起再织造而成，使其具有两种纤维的双重特性。多种纤维的混纺和采用各种不同的技术处理，能使面料产生丰富多变的，不同性能，不同质感的特殊效果，从而适应了时代服装发展的需要。

第二节　不同材料与款式设计的关系及应用

一、不同材料与服装设计的关系

与其他造型艺术一样，当服装设计的最佳方案确定之后，接下来是选择相应的材料，通过一定的工艺手段加以体现，使设想实物化。在这个过程中，材料的外观肌理、物理性能以及可塑性等都直接制约着服装的造型特征。长期以来，材料的选择和运用已成为服装设计中的一个重要因素。特别是在现代服装设计中，用材料的性能和肌理来体现其时代风格的作品屡见不鲜。材料本身也是形象，设计师在材料的选择和处理中，保持敏锐的感觉，捕捉和观察材料所独有的内在特性，以最具表现力的处理方法，最清晰、最充分地体现这种特性，力求达到设计与材料的内在品质的协调和统一。

服装设计师从服装材料本身的性能中寻求服装造型的艺术效果，在某种程度上取决于他对材料的理解和驾驭能力，这是设计师要掌握的一个基本的表达手段。从这个角度对材料进行研究和选择，不外乎将涉

图6-2-1 Sophie Theallet（索菲·西奥雷）2015秋冬女装

图6-2-2 Sharon Wauchob（雪伦·沃可布）2016春夏女装

图6-2-3 Altuzarra（奥图扎拉）2014秋冬女装

及材料的外观对人的心理效应（其色彩、纹样引起的视感）和生理效应（由质感、肌理引起的触感）的影响、以及材料之间的组合等方面。同时，我们还要将开发材料的审美特性看成是一种艺术创作，因为，单纯地将材料的加工制作看成是设计的体现已经远远不够，事实上材料在服装设计和制作的过程中，不仅能体现纸面设计无法表达的艺术效果，而且常常可以获得超越纸面设计所预想的视觉效果。巧妙地、科学地利用材料本身特有的美感，是现代服装设计师的智慧所在。

服装设计是借助衣料的加工制作来完成的。构思服装的造型，有时是因为见到一块漂亮的面料而引发联想，来进行创作的。有时也会因为一件偶然的事件而触动了设计的灵感，产生出一个好的构思，然后再选择适当的面料来加以烘托完善，这就是设计产生的由来。很难断言孰前孰后，但不管孰前孰后都应当认识服装设计与衣料的关系。

例如：厚重的衣料，可产生粗重的服装线型。而轻盈的薄料子，则可产生流畅飘逸的服装线型。因此在选择衣料时，一定要考虑到所设计服装的目的和用途是否适合顾客的体型、个性和满足顾客的要求等方面的因素。衣料与服装设计是息息相关的，这可从两个方面来看：一是如果没有衣料也就产生不出流行的服装。二是衣料和造型、缝制技巧是相互关联的，面料的花色一旦繁杂，那么款式造型就必须简洁明了，以充分体现衣料的材质美。否则就会主次不分，影响服装的效果。下面我们来具体谈一谈各类型衣料与服装设计的关系。

（1）有光泽的面料：如丝绸、锦缎、仿真丝及带有闪光涂层的面料等。这类面料，因布面光亮醒目，成衣后可使穿着者的体型产生膨胀感，有强调服装轮廓线的作用，故为体胖者和瘦弱者设计服装时应注意合理的运用，如图6-2-1所示。

（2）无光泽的面料：如平纹布、皱纹布、粗织布等。这类面料，因布面光泽较暗，反光作用小，成衣可使穿着者的体型略显苗条，且服装的外观形态也不太明显。故适合任何体型的人穿着，特别是对体胖者效果会更好，如图6-2-2所示。

（3）硬挺的面料：如合成纤维类材料、麻类制品、大衣呢等。这类面料因挺括而不宜贴体，所以可增强体型的力度感，适合那些体态有缺陷的人或体形较瘦的人穿用。但如过分瘦弱者，采用此类面料进行造型设计则有强调缺点的感觉。而对体胖者来说，采用此类面料，如果设计的合理反而会使着装者显得端庄大方，如图6-2-3所示。

（4）厚重有膨胀感的面料：如毛针织品、粗毛呢等。这类面料有增大形体的作用，故体胖者不宜穿用。而瘦小者也不宜穿用，因面料会同着装者产生一种对比强烈的视觉效果，使穿着者看上去感觉很沉重。所以，这类面料比较适合体态匀称者穿用，如图6-2-4所示。

（5）薄而透明的面料：如雪纺、纱罗、真丝绸等。这类面料会表露出着装者的实际体态，所以在设计时应注意内衣与外衣的形式要统一。可以通过加衬料，利用造型分割及服饰附件等方法来完善设计，如图6-2-5所示。

（6）弹性面料：如针织面料、高弹梭织面料等。这类面料如果设计成适体服装时，对体态匀称者来说，可以充分地展示自己的形体美。而对体胖者和瘦弱者则是充分暴露其形体缺点的穿戴。当设计成宽松式的服装时，对任何体型的人都适合，而且还具有掩饰形体缺点的作用，如图6-2-6所示。

值得提出的是，当今的服装设计思潮受“回归自然”之风的影响，使服装的材料更加丰富多彩，天然纤维材料尤其受到宠爱，诸如：棉、麻、藤蔓、棕榈、花草等材料，被运用到服装造型之中。在西欧，每年两度的高级时装发布会上，设计师们往往在开发新材料上大动脑筋，以新型材料来寻找设计的创意，使人耳目一新，从而建构自身作品的形式美感和独特的艺术风格。

此外，在现代服装设计的材料运用中，由于受“回归和怀旧”艺术思潮的影响，一些早已过时了的物质材料和服饰用品又重新回到设计中来，成为一种被追求的、新的流行。诸如古朴的怀表、旧式的烟斗和眼镜、过时的首饰、礼帽和手杖等，它们再度拥有了一种穿越时空的深邃的魅力，进而成为新的流行趋势。

图6-2-4 Philosophy（哲学）2015秋冬女装

图6-2-5 Francesco Scognamiglio（弗朗西斯科·斯科涅米格里欧）2015春夏女装

图6-2-6 Les Copains（莱斯·科潘）2015秋冬女装

二、纹样面料的种类

服装面料的纹样通常有两种表现方式，即织物纹样与印花纹样。

1. 织物纹样

织物纹样有色织、线织、割绒、植绒、烂花等不同工艺处理的面料，这些服装面料除了具有不同图案，大多具有明显的类似浮雕感的立体状态，尤其根据面料材质的不同，造成各种丰富的肌理感织物纹样在为造型主题服务时，除了以色彩为造型服务，还必须根据需要以增强造型的力度为准则。

有时，织物纹样与印花工艺相辅相成。如提花类的印花织锦缎、染色锦缎面料等，色彩与图案在服装造型中更是千姿百态。服装设计师必须从这些角度开拓思路、大胆探索、不遗余力地认真比较、精心选材。

2. 印花纹样

比较多的面料是印花面料。面料因不同材质、品种，其印制方式、工艺也不相同。

由于印制的方式、工艺差异，从运用色的效果来说，有的简洁明了、有的五彩斑斓。对色彩造型活动来说，设计师应抓住感觉，抓整体的造型主旨。同样，服装设计师一定要重视纹样面料，尤其是印花面料。

三、纹样面料在服装造型中的运用

服装色彩在选用面料纹样上造型体现最为丰富，服装造型常用这一手段来加强主题的设计。面料纹样色彩包括色织与印花图案，对它们的选用将大大加强服装造型表达的力度。尤其是很长一段时间来，服装选材注重质地，多半选用单纯的色泽或黑白灰，忽视了面料纹样色彩对造型设计的重要作用。

在服装造型中，同一款式采用几种纹样面料来制作，最终的形象感觉是很不相同的。这种变换可以影响设计的主题，也可改变穿着者的形象，但不恰当的改换则将破坏色彩与服装款式的统一。

服装造型表达要重视面料图案的选用，尤其是图案的内容、纹样色彩所表现的意境．是服装设计师构思创作不可缺的重要前提。当今流行色、流行主题的创作是色彩、纹样、造型高度完美的结合体。

面料纹样色彩在服装造型设计中要从纹样内容、纹样种类两个方面了解。

1. 纹样面料内容

（1）几何纹样：服装面料上的纹样，常见的有条、格基本变化。如图6-2-7所示，我们可以从点线面的角度观察认识，它能改变造型形态，能影响着装配合的最终效果差异。条与格在构思中可采用方向性变化手段，可以有主方向与次方向、单一方向与多方向的配合，造型设计中利用条格面料很容易改变体型的视觉效果，可产生不同的整体形象。

除条格纹样外，几何形块的纹样变化也是丰富的。比如：三角形、小方块、圆点等，这些图案活泼生动，视觉变化多。结合点线面学习，我们能认识到，它能改变服装整体的构成感觉。因此，掌握好几何纹样面料的选用，能够帮助服装设计师利用有利的因素，掺入设计意图之中。几何纹样在造型构思上，可以结合服装线面关系交织在一起作渐变、突变、打散重组，造成形象个性的强弱、虚实、近远、起伏等。

（2）形象化纹样：许多面料纹样内容是形象化的，比如服装面料好多都是以花卉、植物草叶为主题的。儿童服装面料的纹样有以动物、玩具为内容的，其他的还有自然风景、交通工具、甚至中外文字等。面料纹样的具体内容对服装造型来说是一个整体，它直接体现了造型意义，比如牡丹富贵、月季多姿、兰花清新、植物茎叶新鲜旺盛。纹样是一幅图画，它以各异的技法、风格、意境与服装造型相配合，更以形与色一体的内容充实服装个性化。服装面料中纹样面料的运用为设计师造型设计提供了无穷的帮助，学习造型设计对面料纹样应具备相应的专业知识，如图6-2-8所示。

2. 纹样面料造型表达

纹样面料的色彩因面料品种与加工工艺而不同，使得组成面料的色彩因素更复杂。服装造型中这种材质与色彩交互影响的因素，为增强造型形象感显示了很大的能动性。因此，学习服装造型表达，在掌握服

图6-2-7 Valentino（华伦天奴）2015秋冬女装

图6-2-8 Dolce&Gabbana（杜嘉班纳）2016春夏女装

图6-2-9 Alice+Olivia（爱丽丝+奥利维亚）2014秋冬女装

装色彩的基本规律的同时，要求从两个方面加强纹样面料观察色彩，即纹样色彩与造型的统一，织物的纹样、织物的色彩与造型的统一。

（1）纹样色彩与造型的统一：纹样色彩与服装造型要求保持统一。近代纹样设计中，设计师很注重不同图案以及不同的流派风格，古典的纹样往往与典雅含蓄的色调成一整体，奔放潇洒的花卉也往往与强烈鲜明或清新朦胧的色彩连为一体。尤其是服装面料色调的形成，总是以色彩的流行主题为指导的。因此，在服装造型主题确立之际，纹样色彩必须与造型保持有机的整体，如图6-2-9所示。

（2）织物的纹样、织物的色彩与造型的统一：许多纹样织物首先以一定的图案织成，然后染色或印花。因此在考虑面料与造型统一的诸多因素中，色彩就更为复杂了。比如，棉麻大提花面料，既有织纹样的形感，又有印花图案的形感，其表面的色彩各具差异。又如，丝质织锦缎印花面料，除材质形色差异外，更有侧光闪烁的色彩变幻。再如，烂花植绒印制面料所赋予的色彩因素，已经进入了三度空间，穿越服装表层的造型功能了，如图6-2-10所示。

四、不同面料的应用

以上我们讲的是各类型面料与服装设计的关系。下面我们再谈谈对于不同面料在设计服装时应考虑的几个条件。

1. 花纹面料

花纹面料的种类繁多，有抽象的或具象的，有古典的或现代的，有华丽高雅的或单纯刺激的等。在设计时应考虑以下几点。

（1）注意花纹的方向，要制造有变化的动态感。全面花纹要给予强调，例如采用统一配色法，在花纹中选择一种颜色来镶边或在领子、袖口及其他地方予以装饰，使造型更加鲜明丰富。

（2）对不连续和单独的花纹，要考虑花纹应排放的位置，对单纯朴实的小花纹布可配以素面布料来加以变化。

（3）要根据花纹的特点来确定设计的风格，如华丽的花纹就要选择华丽的设计风格。

（4）印花的皮革面料，适宜与毛织料或稍挺的素面面料配合。

2. 圆点面料

圆点面料具有柔和、饱满的感觉，充满了静与动

图6-2-10 Alice + Olivia（爱丽丝+ 奥利维亚）2016春夏女装

图6-2-11 Valentino（华伦天奴）2014秋冬女装

图6-2-12 Victoria Beckham（维多利亚·贝克汉姆）2016春夏女装

的色彩，如图6-2-11所示，设计时应考虑以下几点。

（1）圆点是具有柔和动感的形体，故适合设计柔和及轻盈的款式。

（2）可以采用同圆不同色，或者同色不同圆的组合方式，来制造变化与趣味感。

（3）大圆点的流动感大，因而适合设计下摆宽大且具有动感的款式。

（4）小圆点具有朴素沉静的感觉，适合采用类似色或对比色的配色装饰方法来进行设计，形成静中有动，动中有静的设计风格。

3. 格子布面料

格子布面料具有稳重感或膨胀感，体胖者应尽量避免穿用格子面料制作的服装，如图6-2-12所示，在设计时应考虑以下几点。

（1）中、小格子面料，因具有稳重感强的特点，故宜设计端庄稳重型风格的服装。如套装和硬式连衣裙。

（2）适合与同色的素面面料相结合，通过对比来强调格子的律动感。另外裁剪时一定要注意对格，以免产生不对称的现象。

4. 条纹面料

条纹面料有粗、细、疏、密之别，设计时应考虑以下几点。

（1）粗而明朗的垂直条纹面料，因具有显示高度和力度的感觉，因此适合设计硬式服装。

（2）细而密的垂直条纹面料，易产生视错现象，失去高度而产生宽阔感，适合瘦型者穿用。

（3）粗而明朗的横条纹面料，有稳定与宽度感，适合瘦型者穿用。

（4）细而密的横条纹因视觉上的错觉现象，反而有高度感与韵律感。适合

图6-2-13 Victoria Beckham（维多利亚·贝克汉姆）2017春夏女装

胖而高的人穿用。

（5）斜条纹面料：有律动感和不稳定感，适宜设计下摆扩张、动感强的款式。

5. 丝绒面料

丝绒面料是一种华丽高雅的面料，属于毛丝织品，光泽漂亮，线条流畅，如图6-2-13所示。多用于女性的晚装和礼服。设计时应考虑以下几个方面。

（1）尽可能地减少各类断刀和缝合线，使之保持一种简洁、舒畅的造型。

（2）丝绒面料有倒顺毛之别，造型过程中一定要注意保持绒毛的方向性一致。使之朝着显色效果比较好的方向。

（3）丝绒面料贵在布面的绒毛，在造型过程中应慎防压坏绒毛。

6. 空花面料

空花面料的种类繁多，是夏季及婚礼服的高级织品用料，如图6-2-14所示，因本身花纹与一般染色印花面料完全不同，故设计时应考虑以下几个方面。

（1）空花的地方，所安排裸露形体的面积大小一定要适中，大则不雅，小则庸俗。

（2）尽量减少剪接线，保证花形的完整性，缝合的地方要安排的隐蔽。

（3）可用面料本身的重叠，如通过荷叶边、层叠、浪纹等方法来表现韵律，丰富内容。

图6-2-14 空花面料

五、面料的选择

挑选面料应观察面料的性格、外貌、质地和花色特点，看是否适合所设计服装的种类、用途、目的及穿着者的需要。一般选择时，除了眼看手摸以外还要考虑以下三个方面的问题。

（1）外观的感觉：例如，质地如何，色泽怎么样，是太厚了、还是太薄了，是太硬了、还是太软了，是显得太重了、还是显得太轻了，有没有弹性，等等。

（2）实用性能：例如，面料的色牢度怎样，吸湿性能怎样，御寒性能怎样，透气性能怎样，洗涤性能怎样，打褶怎样，是否容易起皱，等等。

（3）用途：例如，可塑性如何，立体效果如何，光艳度如何，起毛的效果如何，粗糙感强不强，透明的效果如何，是否富于变化，等等。

目前，随着科学技术的迅猛发展，纺织技术的提高也是日新月异。各种类型的新型面料，不断涌入市场，为我们的设计工作提供了一个更加广阔的选择空间。对各类型新材料的认识和掌握的程度，就成为影响我们设计的一个重要因素。因此在选择面料时，一定要谨慎。在将我们上述所讲的问题思考成熟后，就会确保设计出高品质、高质量的服装作品。

第三节 服装材料再创造及研发

作为服装设计师，对于服装的材料要有较全面的了解和认识，以便掌握各种材料的特性，更好地运用材料来实现自己的设计构想。服装设计师往往不满足于常用的纺织面料，尤其是国内的服装设计师们往往会把目光盯住国外面料。不可否认，纺织材料的科技开发，西方发达国家尚胜一筹，但是，即使我们拥有了最新最好的面料，设计师仍然不会满足，因为设计师永远在创新求异。因此，我们也应学会如何利用、改造现有的纺织材料。在创造服装面料新的外观效果上，设计师可以充分施展自己的才能。

历史上各种面料的诞生都是人的智慧与实践碰撞的结果，创造也包括改造已有的面料。著名的设计师三宅一生，出生于日本广岛，他的时装极具创造力，集质朴与现代于一体。他因特别注重面料设计并结合他个人的哲学思想，创造出独特而不可思议的织料和服装，被称为“面料魔术师”。早在20世纪80年代初，三宅一生就以“一生褶”为主题推出系列时装；1992年前后，他推出了皱褶系列时装，从而改变了高级时装及成衣一向平整光洁的定式，以各种各样的材料，如宣纸、针织、棉布、亚麻等，创造出各种纹理效果。对于三宅一生来说，任何可能与不可能的材料都被他用来织造布料，从香蕉的叶片纤维到最新的人造纤维，从粗糙的麻料到支数最细的丝绘图织物，他在不断完善着自己前卫、大胆的设计形象。结构上，他借鉴东方制衣技术以及包裹缠绕的立体裁剪技术，运用的色调充满着浓郁的东方情愫。三宅一生的设计思想几乎与整个西方服装设计界不同，他的设计可谓是东方式的日本民族风格和面料与时尚的完美结合。

每一种面料都有自己不同的“表情”，甚至是同一种面料，也会因为使用的方法不同而展现出多种风情。服装材料的再创造，是设计中一种重要的语言。在20世纪70年代以后，服装审美上出现了做“旧”，最典型的是牛仔裤。新牛仔裤必须用砂洗、水洗、石磨来做“旧”甚至做“破”，这种将服装面料的做旧加工，同样是一种设计，并博得了社会的一致认同。除了现代人们审美的演化之外，设计师将服装材料重新创造，造就了牛仔装的粗犷、豪爽、几分沧桑和几分历史感。

一、设计师的再创造意识

现代消费者追求的不只是产品的基本功能，心灵价值的契合和消费过程的愉悦都可能成为购物的决策方向。因此，以满足精神需求为主的“产品创意”就成了消费者购买的重要选择。

设计师应有再创造意识，意识要高于手段，因为只要有再创造意识就不会缺乏手段，必然会有所突破；相反，了解了很多方法但缺乏再创造意识，恐怕很难有创新。面料本身的品质与外观在服装的效果中

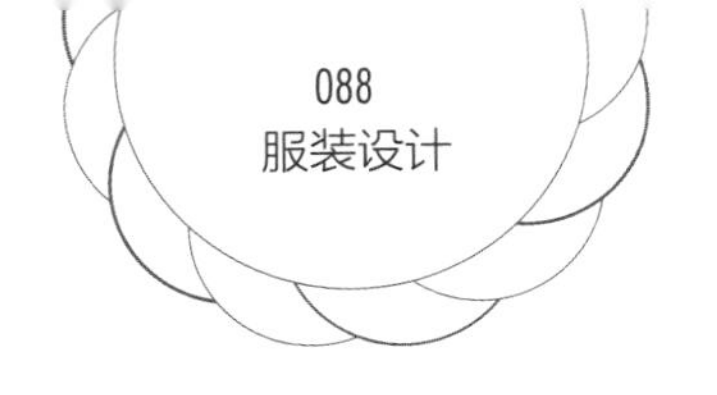

起着重要作用，但它始终是展现服装，确切地说是展现设计师思想的原材料。设计师不能过分强调和依赖面料，设计也不能仅仅依赖于出色的面料，设计师若能将普通面料运用成功才更显示设计的作用。

参与服装面料的再创造，也是初学者熟悉材料、发挥创造的重要途径。面料，这个在服装设计中成为载体的物品，关键在于设计师如何运用，如果设计师头脑禁锢在已有面料的框框上，就会忽视了自己动手改造面料的能力和乐趣。所有这一切都在于创造，它带给设计师无与伦比的快乐，服装设计师应该具备设计面料的能力，只有这样，想象的翅膀才不会被禁锢，才会有更完美的设计。

二、服装材料的再创造推动面料的发展

服装发展到今天，能够做衣服的面料也不仅仅是我们原来意义上的针织、梭织以及化纤、纯棉、丝、毛、亚麻等传统面料。科技的发展带给面料更多的发展机会，牛奶、大豆、塑料等这些原来意想不到的东西已经成为制作面料的原材料，可以被人们穿在身上。如今纺织材料的发展正向高技术领域迈进，越来越注重特殊功用服装的研制开发，如防火、防水、防污染、防辐射、抗高寒、除臭杀菌、保健治疗等。新型材料的开发也为服装设计师提供了新的创作灵感。设计师能和纺织科学家一起改良这些新型材料的色泽、外观、肌理、手感等，那将是形式内容完美的结合。

黑格尔认为：“艺术美高于自然美，因为艺术是由于心灵产生的再生的美”。这个观念肯定了人的创造意义，肯定了艺术的价值。我们对服装材料的再创造，正是我们人类并不满足于自然美的心智。服装设计中最需要创造、创新、品质与行销，这三者也是全球纺织服装贸易的重要工具，创造高附加价值的产品是发达国家主要的竞争优势。

1. 高科技推动新型服装材料发展

现代服装令人眼花缭乱的演变速度，几乎可与高科技的发展更新速度相媲美，现代服装也的确得益于高科技的飞速发展。科技改变人们的生活方式，也改变时装，其主要表现在面料的开发运用上。艺术与技术前所未有的紧密结合在一起，科技在使面料更美的同时又具有更好的技术特性；它在面料的审美性、舒适性、伸缩性、透气性、抗菌性、多功能和易保养等方面带来了众多变化。现代的面料设计已与服装设计融为一体，各种面料的处理手法和各种工艺手段也层出不穷，并创造人们更高的生活享受和更大的市场价值。

无疑，科学技术和科学理论对当今服饰面料设计的促进越来越重要。但在设计越来越依赖于技术和理论推动的同时，技术和理论也越来越需要设计这个载体，它们之间是双向互动、互惠互利的关系。新的科学技术、现代化的管理、巨额的资本投入，其最终目的是转化成能够为社会接受和消费的社会财富。只有设计才能使科学技术得以物化并实现商品化，变可能为现实。例如，天然彩棉在绿色环保日益深入人心之际，非常具有市场潜力，但它同时还存在产量低、成本高、色素不稳定、韧度不达标、色彩基本类型只有棕色系和绿色系等缺陷。因而设计就显得非常重要，科技成果必须通过设计才能圆满地实现其功能和全部价值。

高科技作为经济发展的推动力，已经成为一个国家、机构或企业发展自身的有力手段。它不仅关系到原料、服装产品上下游的衔接配合，同类型企业的优胜劣汰，而且往往还是一个地区整体经济发展的关键。高科技的发展使世界变得越来越小，使人们的生活丰富多彩，富于新意。尤其在服装材料上，现代化高科技的力量更是不容小视。

2. 电子信息技术改变了现代人的生活方式和消费理念

高科技技术的应用和信息网络知识经济时代的到来，已经改变了经济竞争的格局，同时也改变了新产品竞争的格局，对服装产业也有深刻的影响。产品开发与市场使各种服装信息、科技能够快速地接收和传递出去，促进了服装市场的发展，同时也使竞争更加激烈。在我国，信息革命的冲击和全球经济一体化带来的消费意识和方式的变化，影响着纺织品的色彩、质地、风格等流行方向，使纺织面料和服装的时尚感

比其他消费品都要强。而现代服装的创意，更多的是在款型和面料的双轨道上切入。由此可见，将以往的成功经验作为服装进一步发展的经验基础已不再灵验，新世纪服装业的成功须建立在知识经济、智能信息的充分利用及扩展的基础之上。国外公司能够在短时期内成功地向中国大量出口时装面料，其主要原因就是它们占尽了信息与高科技技术相结合的优势。

现代纺织技术和面料开发、生产以及后整理技术，均以电子信息技术为主导，以新材料和高精度自动化机械加工技术为基础，保证和提高产品的质量，提高劳动生产效率，降低产品成本和生产周期，大大增强产品竞争力。信息的效应在服装及面料企业，无论是设计、生产、技术开发，还是管理、销售等环节，电子信息平台都发挥了不容轻视的作用。它使得企业各部门、机构，各层员工及管理者都能够迅速地获得市场及企业内部的信息，及时做出反应，尽可能迅速、有效地协调各种资源，从而提高产品竞争力，获得经济效益。

3. 高科技技术在现代服装产品中的应用

高科技技术的发展必然带来人们生活方式和理念的改变。科技的不断更新及各种高科技技术之间的贯通，让人们的观念比以往更加大胆，更具创新意识，各种产品之间的界限似乎正在被打破，原以为风马牛不相及的几种技术有可能被融合到一起，创造出令人意想不到的新产品。例如，电脑公司和纺织厂在人们眼里通常是没有多大联系的，但是国外公司就制作了数款可直接缝制在衣服或其他织品里的新型芯片产品，这预示着高科技纺织业的蓬勃兴起。这些“可穿戴”芯片需要在纺织品中添加一些特殊的材料以实现电路的连通，可适用于娱乐、通信、医疗保健和保安等行业。例如，可直接缝制到衬衣或夹克里的MP3播放机，由芯片、可拆卸式电池、存储卡和软键盘组成，使用者插上耳机就可以欣赏音乐。类似的“可穿戴”芯片还可用来生产用于医疗的服装，对病人的生命体征进行监测。在这类服装中将使用特别微小的芯片，这些芯片可将人的体温转化为电能，可存储信息或通过内置的天线传送数据。现代服装不只是艺术创新的秀场，也是科技发展的舞台。更多的高新科技融入到服装面料中，各种具有新奇功能的服装也从幻想走入我们的现实生活中。

如：抗菌保健服装，即银、氧化锌等具有杀菌消毒作用的微粒混杂到传统的纺织面料中去，可以制成具有抗菌保健功能的新型面料。这种面料可以非常有效地去除身上发出的难闻气味并杀死附着在衣服上的有害细菌。抗静电和电磁屏蔽服装：干燥空气常常使我们面临被静电“偷袭”的烦恼，将导电高分子材料复合到面料中，可以制成具有良好的抗静电、电磁屏蔽效果的面料。“形状记忆”服装：意大利人在衬衫面料中加入了镍钛记忆合金材料，设计出一款具有“形态记忆功能”特性的衬衫。当外界气温偏高时，袖子会在几秒钟内自动从手腕卷到肘部；当温度降低时，袖子能自动复原。同时，当人体出汗时，衣服也能改变形态。其抗皱能力强，揉压后能在30秒内恢复挺括的原状。维生素T恤：日本发明了一神含维生素的面料，这种面料是将含有可以转换为维生素C的维生素原引入到纺织面料中。这种维生素原与人体皮肤接触后就会反应生成维生素C，一件T恤衫产生的维生素C相当于2个柠檬，穿着这种T恤，人们就可以通过皮肤直接摄取维生素C。

看来“未来我们会穿上什么”真的需要充分发挥一下想象力，但可以预见的是，随着科技的发展，越来越多的新型服装将会面世，并为我们带来更美好、更健康的生活。

4. 生产技术与材质工艺的创新

服装材料的发展和生产技术与工艺创新的关系也越来越紧密。从纤维、纺纱、织造、染整，再到服装材料的加工，体现了化学、物理、生物、电子等学科的高新技术向服装材料深层次、全面的渗透。这些高新技术的介入对当今面料设计的影响非常巨大，它们从根本上更新和改变了材料创新发展的传统手段，使服装面料呈现出一系列新的风貌。

现代服装材料发展的主要特征是以生产技术和工艺上的创新为平台，不断开发技术和工艺领先的服装材料，增强市场竞争力。没有技术上的保障，一切设计都只是空谈。时装界越来越多的人开始利用织物的技术性能来拓展设计空间。

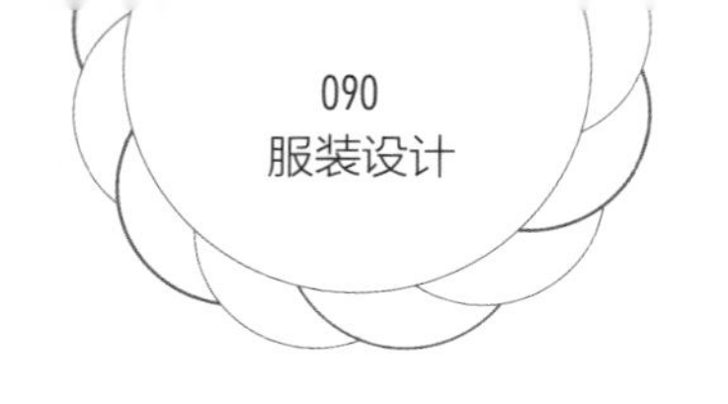

例如，传统印染后整理生产的质量主要靠成熟的工艺规程、严格的操作管理，操作工人的熟练技术进行保证。现代印染后整理生产主要靠广泛应用以电子信息技术为主导的各种新工艺、新技术、新设备。煮练、漂洗、染色、印花、烘燥、定型等工艺，过程中温度、浓度等工艺参数都可以通过各种传感器在线检测，经计算机处理，自动调节蒸气压力、烘燥温度、织物速度达到设定的工艺要求，保证和提高产品质量。自动测色，自动分色，自动配色，自动调浆等计算机辅助工艺管理保证了产品质量的稳定性、一致性和重现性。

通过各种织造技术创造面料外观上的特殊感是另一种创造新材料的技术工艺，如新型起绒、割绒技术处理，不仅使面料手感柔软，风格自然且感觉精细舒适，能够贴身穿着。与之相反，表面效应较奇特，有立体感的织物如绣纹织物、风格条纹织物、花式线织物等则为消费者创造了一份奇异的穿着感受。

花色织物不仅要求配色协调，符合当前的流行色以及流行纹样，而且技术手段也多种多样，有提花、印花、绣花、烙花、静电植绒、剪花等，生产工艺上多采用深加工、精加工和复合工艺等多种手段。技术要求复杂的复合整理产品则更加流行，像提花加印花，提花加烙花等。这样的织物表面的感光效应能够产生层次感，同时也大大提高了附加值。

实现材料的创新生产技术与工艺的发展，使得服装材料的创新成为可能，并不断得以实现。例如，传统色织物所表达出来的色彩局限和精细度不足，已成为丝织（特别是彩色织锦）技术落后于其他领域的主要因素，无法适应现代生活和流行的需要。在消费需求的拉动下，新型彩色织物已经构成设计理论上的突破，使仿真彩色丝织物问世成为现实。

由于新技术的支持，许多原先用传统的丝织技术难以制作的图案得以展示它的风采。另外，用高科技生产的涂层织物由于手感柔软，排湿透气，涂层以后赋予织物多种功能，使产品发生很大变化，而且基布形式多种多样，如机织、针织、无纺等，使用的原料也有天然、人造以及合成纤维等不同种类，可塑性比较强，应用极为广泛，发展前景十分宽广。

第四节　服装面料材质的运用

一般意义上讲，物质美可分成三个方面：①材料美，它能唤起感觉快感，是形式美表现的基础。②形式美，形成关系和结构美。③表现美，通过表现力将眼前对象唤起并联想所涉及的价值而产生的美。材料美是服装设计中的重要因素，不同材料的色泽、纹理、质地带给人的心理感受是完全不同的。

一、扬长避短用材料

从性能上看，每一种面料可能都不是尽善尽美的，都有需要改进和克服的弱点。天然面料需要防缩、防皱、加强牢度、提高印染色明艳度等；而化学面料需要进一步在透气、吸湿等方面进行改善。作为设计师，则应当学会巧妙地避开材料的缺点，尽可能地发挥材质的优点，通过各种设计手段使材料的运用达到尽善尽美。如：神舟五号宇航员杨利伟所穿的宇航服，是使用一种特殊的高强度涤纶做成的，整套衣服重约10千克，价值高达亿元，它使用了130多种新型材料。（使宇航服具备了保湿、吸汗、散湿、防细菌、防辐射等功能）为了防止膨胀，宇航服上还特制了各种环、拉链、缝纫线以及衬料等。同时配吸氧装置、通话通讯装置等，科技含量非常高。

不论是天然纤维还是化学纤维的，不论是素色的还是花色的，不论是梭织的还是针织的，不论是厚实的皮革还是薄似蝉翼的轻纱，每一种服装材料都有其不同的个性。设计师应当像了解自己一样地了解材料。长期以来，某种服装选用某一类面料，或某种面料适宜制作哪一类服装，在设计时已形成了一种约定俗成的共识。薄型毛料、晚礼服选用丝织锦缎、厚呢料适宜做大衣、亚麻布适宜做夏装等。但近年来，一些打破常规的设计亦给人以别致新奇之感，如以砂洗绸制成的西装显得休闲而浪漫。只有充分地了解和掌握了材料的特点，设计时才能游刃有余。每种面料都有自身的特点，但设计的方法、表现的手法及能够表达的风格绝不止一种。

二、不同材质面料在服装设计中的运用

柔软面料一般较轻薄、悬垂感好，造型线条光滑流畅而贴体，服装轮廓自然舒展，能柔顺地显现衣着者的体形，如图6-4-1所示。这类面料包括织纹结构疏散的针织面料和丝绸面料。针织面料质地柔软，垂感良好，弹性好，针织物的延伸率可达20%，因此针织面料的服装可省略省道。轮廓与结构线条简洁，常取长方形造型，使衣、裙、裤自然贴身下垂。由于织物本身所具有的弹性，简练的造型依然能体现人体优美的曲线。丝绸面料中的双结、软缎、丝绒和经砂洗处理的电力纺轻盈飘逸，柔和的服装线条可随人体的运动而自如显现。

挺括面料造型线条清晰而有体量感，能形成丰满的服装轮廓，穿着时不紧贴身体，给人以庄重稳定的印象，如图6-4-2所示。这类面料包括棉布、涤、灯芯绒、亚麻布以及各种中厚型的毛料和化纤织物。丝绸中的锦缎和塔夫绸也

图6-4-1　2016春夏九五丝御·邓兆萍

图6-4-2 Three as four（不三不四）2014秋冬女装

图6-4-3 Jenny Packham（詹妮·帕克汉）2014秋冬女装

图6-4-4 Tibi（蒂比）2014秋冬女装

图6-4-5 Barbara Casasola（巴巴拉·卡萨索拉）2014春夏女装

有一定的硬挺度。使用挺爽型面料可设计出轮廓线鲜明的合体服装，以突出服装造型的精确性，如正装、礼服等。

光泽面料表面光滑并能反射出亮光，常用来制作夜礼服或舞台服，以取得华丽夺目的强烈效果，图6-4-3所示，这类面料大多为缎纹结构的织物，有软缎、绉缎和横贡缎等。缎面的光泽因材料和织物经纬密度的不同而有所区别。黏胶长丝与其他化纤软缎的光泽反射最强，但光感冷漠，不够柔和。真丝绸缎光泽柔亮细腻，质地华丽高雅，可用于高档礼服。

厚重面料质地厚实挺括，有一定体积感和毛茸感，如粗花呢、大衣呢等，这类面料浑厚稳定，不宜叠缝层次过多。多用于制作春秋季节穿用的大衣、外套等防风防寒类衣物，如图6-4-4所示。

轻薄类面料质地薄而通透，有绮丽、优雅、朦胧、性感的特征。近年来时尚界流行透、薄、露，这类面料也由过去的礼服用料变成常服用料，如图6-4-5所示。

"有了好的材料，设计就成功了一半!"不少设计师如此感叹。新颖特别的材料确实能激发设计师的创作激情和灵感，使设计作品脱颖而出。一般而言，设计师最关心的是服装材料的外观、悬垂性及手感等，选用不同的材料可产生不同的款式及风格。同时，纺织材料经、纬向的不同运用也能在服装上产生不同效果，20世纪初，维奥耐夫人就因首创"斜裁"裁剪技术，使面料更加悬垂适体而成名。针织的针法及针织提花的变幻，令现代工业化针织服装有了全新的变化。学习服装材料的特性与加工工艺，将十分有助于设计。

练习与思考

1. 论述科学使用面料对服装设计的重要意义。
2. 利用花纹面料与素色面料的组合，设计一组男士休闲装。（四开纸、彩色效果图）
3. 试用丝绸面料为自己设计一款内衣。

第七章

服装款式的局部及整体设计

服装款式的局部及整体设计是服装设计过程中的一个重要环节，具有承上启下的作用。本章通过对下述内容的具体分析，重点阐明了服装各局部在造型设计过程中应注意的事项以及整体设计和系列设计应遵循的原则，目的是使大家通过学习来学会和使用这些方法。

第一节　服装款式的局部设计

服装款式的局部设计指的是与服装款式的整体造型相对应的各分部的造型。一般包括：领型、袖型、腰头、口袋、门襟等。这些局部结构在设计过程中，除了应达到自身的服用功能要求以外，还要寻求与服装款式整体造型之间的相互关联性。一方面，对于服装的整体造型来讲，各局部设计是构成和完善其整体造型风格的基础。另一方面，各局部造型在设计过程中又必须相互联系、相互调和，服从整体造型的需求。因此，保持好各局部与整款造型的主从关系，是服装款式局部设计的根本所在。

一、领型

领型是服装造型中的局部结构之一，在服装上处于中心位置，兼具美化及实用两大功能，是服装款式设计的重点之一。从审美的角度来讲，领型在服装的整体造型中起着装饰、强化、烘托和突出主体的艺术作用。而从实用的角度来讲，领型又具有防尘防风，抵御寒冷，透气散热和方便穿着等不同的功效作用。相同的廓型如果领型改变了，即会产生出不同造型风格的样式。因此，对于领型的造型应当格外认真地加以研究。

1. 领型的分类

依据领型的造型特点，一般可分为四大类：①立领；②翻领；③驳领；④无领，如图7–1–1所示。

由于前三种领型是由外加领片与衣片相缝合而构成的衣领，所以，也称作“装领”。而后一种以衣服的领口线为基础，由领口的大小、深度来确定的衣领造型，又称为“领口领”。

2. 领型的设计要点

（1）根据着装者的脸型及颈部的特点来设计领型。我们知道，人的脸型差异是比较大的，有些脸形好看，漂亮，相应的领型设计也相对容易。有些

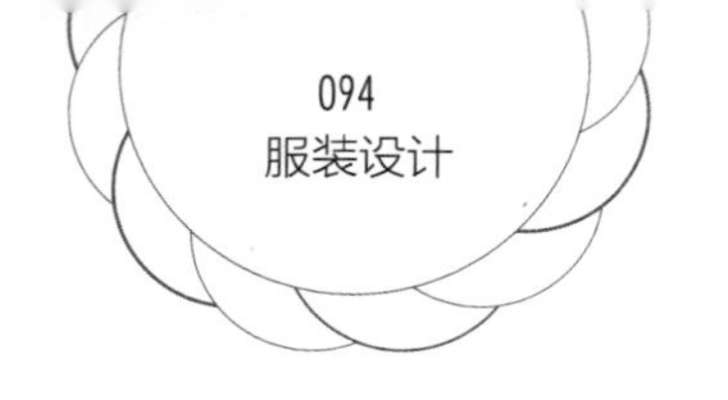

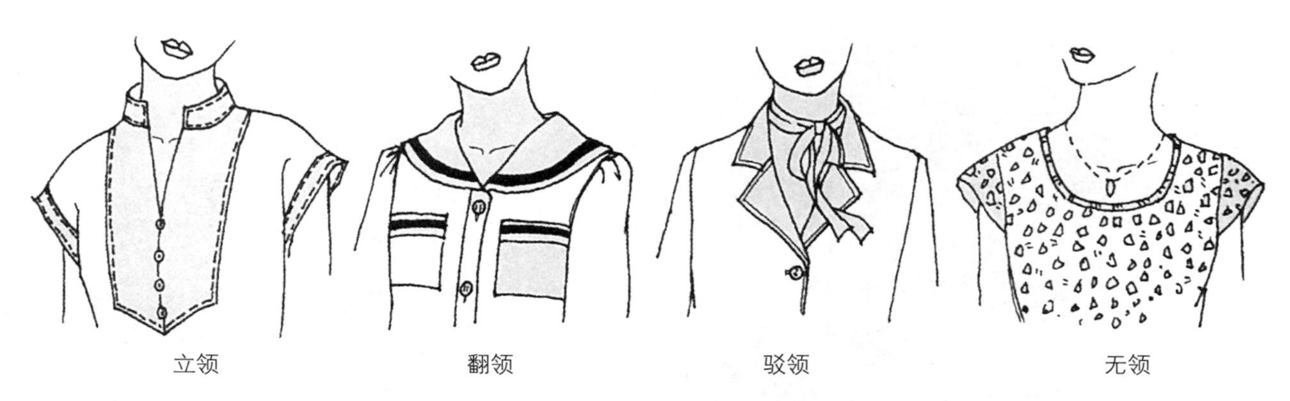

图7-1-1　领型分类

脸形不太好看，相应的领型设计难度也就较大。因此，在设计时一定要充分地分析着装对象脸型的特征，并根据其特征来设计出能够起到良好烘托或调节作用的领型。例如：用舒畅、简洁的V字型领衬托姣好、清秀的椭圆形脸型；用圆领衬托端庄饱满的方形脸型或圆形脸型；用大方洒脱的大翻领来缓和三角形脸型的尖削感等。另外，领型的造型还要注意与颈部的形态相协调。例如，如果让颈短的人穿上小立领的服装，让瘦长脖子的人穿上低V字型衣领的服装，这样的领型设计就很难起到美化人、强调装饰服装的作用。

（2）领型的外型要与服装整体造型的风格相统一。不同款式的服装有着不同的形式美感。如：年轻型的、通俗型的、高雅型的，还有前卫型和时尚型的等。而作为领型，同样也有不同的形式美感，如，端庄感的、华丽感的、朴实感的、洒脱感的等。因此，在领型的设计过程中，一定要注意使领型的形式美感与服装款式的形式美感相互统一起来，才能创造出具有统一美感的整体造型。否则，如果把造型较为严谨的领型搭配设计在相对活泼的服装款式上，就会造成一种不和谐的生硬感，让人感到不舒服。

（3）领型的设计要体现流行的特征，领型的变化在服装整体造型中是除了服装款式的设计变化之外，又一重点的变化对象。其流行的特征十分鲜明。在成衣的过程中，应考虑人们对流行的追求。设计时，如果流行趋势为小驳领，那么，就应在小驳领的基础上寻求变化，如果是流行无领的领形，那么，同样也应在无领的基础上寻求变化。

（4）领型的造型要符合工艺制作的要求及季节变化。在领型的设计过程中，工艺制作的方法是必须考虑的条件之一，因为再好的领型设计最后都必须借助工艺的制作加工来完成。所以，如果抛开了工艺制作的条件，其领型的设计就可能最终无法得以实现。另外，领子的设计还要考虑季节的因素，特别对于四季分明的地区来讲，尤为重要。如果忽略了这点，仅注意其流行的特征，也有可能遭到设计上的失败。

图7-1-2是各类领型变化的实例。

3. 领结、领带的种类和设计特征

领结和领带是领部设计的一个重要组成部分，同样起着装饰与衬托着装者美感的作用。领结和领带从造型特点上一般可分为两类：一类是独立存在的，是系结在衣领及人的颈部上的；另一类是与衣领连接在一起的，是衣领的组成部分。通常我们把条状的称之为领带，而把系结成疙瘩形状的称之为领结，如图7-1-3所示。

领结和领带在设计时应考虑两个基本条件。

（1）领结和领带的造型特点要与穿着者的脸型及颈部相协调。例如：脸形大的应配大的或长的领结和领带；脸形小的应配小的或短的领结和领带；颈部短的，领结及领带系的位置应低一些；颈部长的，领结及领带系的位置应高一些等。

（2）领结和领带的造型及系结方法应与领子的式样相协调。例如：通常领结应系在驳领内，领带应系在领面下。窄驳领应配大领结，宽驳领应配小结，等等，如图7-1-4所示。

图7-1-2　各类领型变化

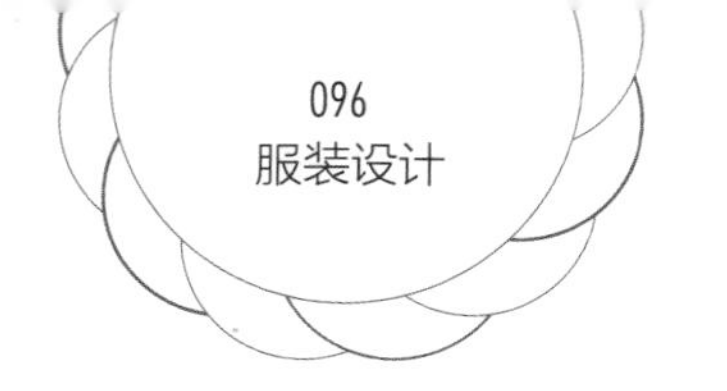

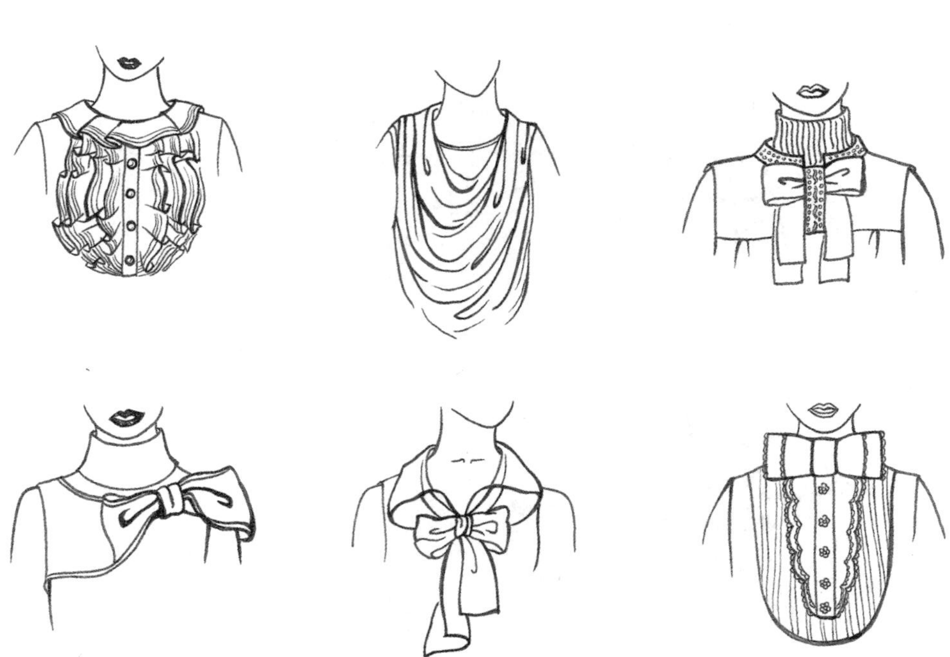

图7-1-3 领结、领带的种类

二、袖型

通常我们把服装造型中遮盖手臂的部分称之为袖子，袖子也是服装的重要组成部分。不同的袖型设计会使服装的整体造型产生不同风格的美感。

1. 袖型的分类

根据袖型与衣身的结合关系，袖型一般可分为四大类。第一类称作连袖，即袖子与衣身是一体的，中国传统服装多以此类衣袖为主。第二类称作装袖，即袖子与衣身在人体的肩关节处相互连接，这类袖型又称为制服袖。第三类称作插肩袖，即袖子与衣片的连接是由人体的腋下经肩内侧延至颈根而成。第四类称作无袖，即以衣身的袖窿为基础而加以变化所形成的袖型，如图7-1-5所示。

除了上述四类衣袖的分类方法之外，还可以根据衣袖的长短来加以分类：如无袖、短袖、半袖、七分袖、长袖；根据衣袖的款式形态来分类：如灯笼袖、西服袖、喇叭袖、落肩袖、借肩袖等，如图7-1-6所示。

2. 袖型的设计要点

（1）根据着装者的肩部特点设计袖子。我们人类由于各自的生长环境不同、生理发育不同，因此在人体形态上也有所差异。就其肩部而言亦有所区别。我们通常把这些不同的肩型划分为五类：即正常肩类、平肩类、塌肩类、冲肩类和高低肩类。在设计袖型时考虑这些不同的肩形特征是至关重要的，否则很难得到优秀的设计作品。一般情况下，正常肩适合各类袖型，塌肩不适合穿插肩袖或连袖，适合穿袖山窿起的灯笼袖或泡泡袖。平肩和冲肩适合穿连袖或插肩袖，而不宜穿灯笼袖和泡泡袖。左右高低肩者，需用垫肩将肩部先垫平再选择袖型，所以，不适合设计那些不便加放垫肩的连袖型或插肩型的衣袖，如图7-1-7所示。

（2）袖型的设计应与领型及衣身的造型风格协调一致。在服装的款式设计中，从形式美的角度出发，一般情况下，相对宽松的袖型，（如灯笼袖、泡泡袖等）搭配轻便、活泼的无领或小翻领及荷叶领，可给人一种谐调的美感。而选配驳领、大翻领等就会给人一种生硬感，显得作品设计不够成熟，反之亦然。另外，如果衣身较为宽大，那么袖型也应宽大。而如果袖型较窄，则必须加大袖型的长度，使之得到一种视觉上的平衡。衣身较为适体、袖型也应适体。如果衣身上小下大，可视追求的风格而定，如果追求活泼风格的，可将衣袖与衣身倒置，即袖

图7-1-4 Gucci（古驰）2016春夏米兰时装周

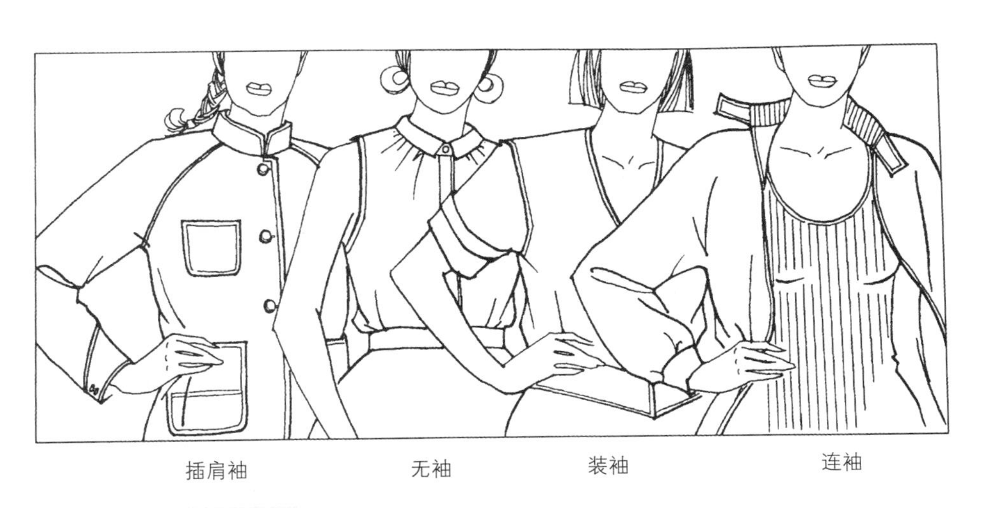

图7-1-5 袖型的分类一

型上大下小。如果追求端庄、稳定风格的，衣袖则也要上小下大。总之，袖型的设计只有与服装的整体造型风格保持一致，才能创造出和谐的美感，如图7-1-8所示。

3. 袖型的样式变化

袖子的样式变化，可通过改变袖型与衣身的连线，袖身与袖口的关系，来获得不同特点的各种袖型的造型。另外，也可通过运用加饰绣花、纽扣、拉链、花边，系带等方法来加以变化，丰富袖型的造型种类，如图7-1-9所示。

4. 袖型的造型设计要体现流行趋势的特点

袖型的设计与领型基本相同，也有流行的因素包含在内。有时可能流行无袖的袖型，有时可能流行窄袖的袖型等。考虑到人们对流行的崇尚，所以袖型

图7-1-6　袖型的分类二

图7-1-7　袖型的设计要点

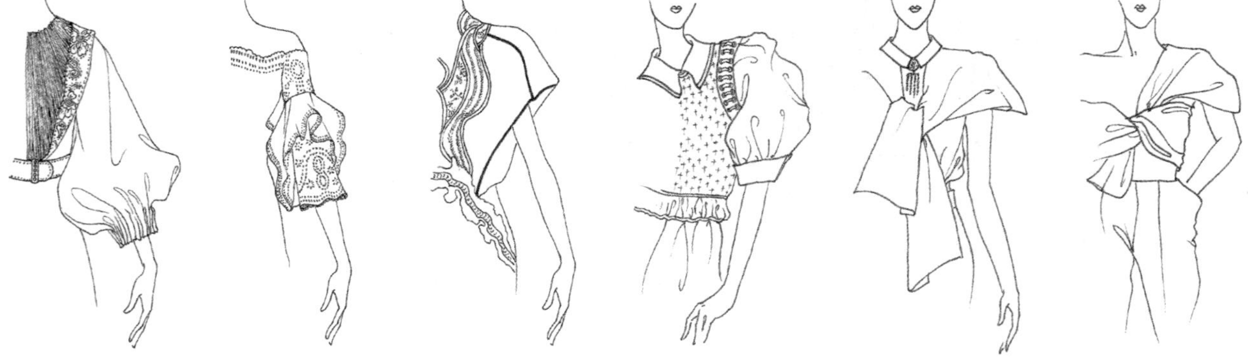

图7-1-8　袖型设计与衣身造型风格

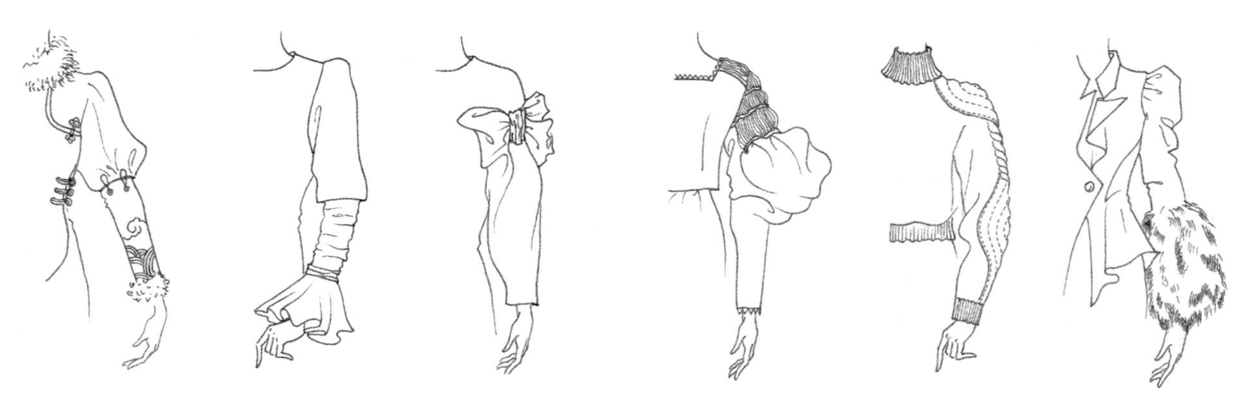

图7-1-9　袖型的样式变化

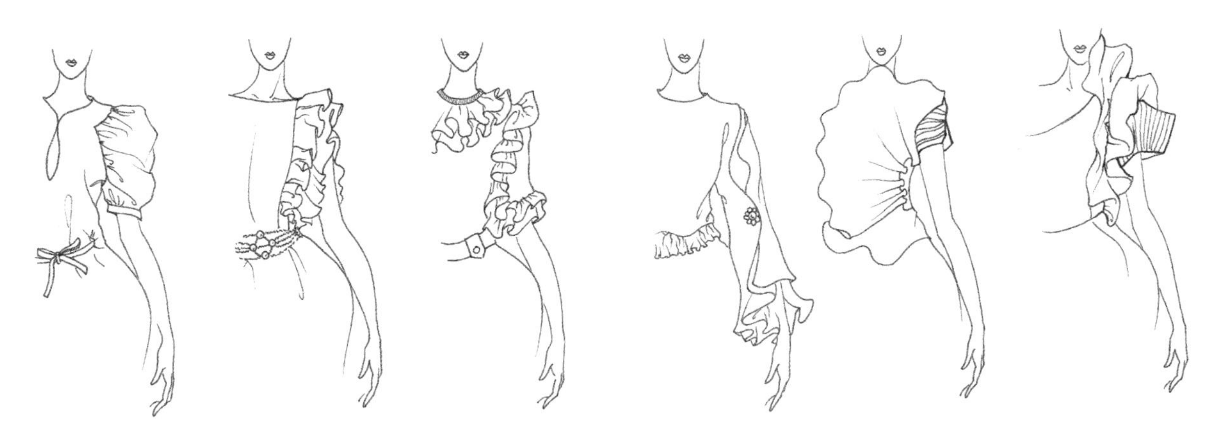

图7-1-10　袖型的造型与流行趋势

的设计除了应考虑与着装者的关系，与衣身的关系，与衣服其他局部造型的关系之外，还应考虑流行的趋势，如图7-1-10所示。

三、腰头及腰带

腰头与腰带同是构成服装的重要组成部分，而且作为视觉上的分割线，它的上下移动直接影响着服装的比例关系，是服装款式设计中的重点塑造对象。腰带一般指的是系结于腰部的各类带子，而且是独立存在的。腰头指的是与下装相互连接在一起的腰部，如裙腰、裤腰等，如图7-1-11所示。

1. 腰头与腰带的构成形式

腰头是由腰头的宽窄，叠门的变化，绊带的大小、数量，以及扣子的位置和式样来组成的。腰带是由腰带的宽窄、粗细，腰带扣的造型和扣系方式来组成的，如图7-1-11所示。

2. 腰头与腰带的设计要点

（1）腰头和腰带的式样应适合穿着者的体型。例如：腰粗的人应束窄而细的腰头或腰带；腰细且个子高的人应束粗而宽的腰头或腰带；腰节高的人腰头或腰带应以窄细为主；腰节低的人腰头或腰带应以宽高为主；直腰身的人最好不要束腰，如图7-1-12所示。

（2）腰头和腰带的造型特点要与服装的整体造型相协调。例如：外型风格粗犷的服装应配粗犷的腰头和腰带；外型庄重大方的服装应配典雅的腰头或腰带；外型风格纤细的服装应配精致的腰头或腰带。像晚礼服如果配以宽大的腰头或腰带，其晚装的美韵可能就会荡然无存。另外腰头与腰带的造型和服装款式中其他各局部的造型相互协调统一，也是十分重要的，如图7-1-13所示。

（3）腰头和腰带的设计应符合流行趋势。受审美心理的作用，人们有时会认为细窄的腰头或腰带美观，有时又会认为宽腰的腰头或腰带美观，因而形成了不断变化的流行趋势。在设计服装的腰头或腰带时，注重流行趋势的特点也是十分必要的，特别是在设计批量生产的成衣时，更应以流行的特征而定。如图7-1-14腰头及图7-1-15腰带的设计实例所示。

四、口袋

在服装的造型过程中，口袋是必不可少的结构之一，与其他的局部结构一样，口袋也兼具实用功能和美化功能两大特征。

1. 口袋的分类

根据口袋与衣身的结合特点，一般分为三种类型：第一类为贴袋，即直接贴缝于衣服表面上的口袋。这类口袋的造型变化多，装饰手法的运用也较为丰富，是相对容易取得设计效果的一类口袋。第二类为开线袋，又称挖袋，即在衣壁上直接挖取口袋。袋子在衣壁的里面，开口则留在衣面上。另外根据需要可以加袋盖予以掩饰，是缝制较为复杂的一种口袋。第三种为缝内袋，即袋口在衣片的结构缝合线中，袋子在衣片的下面，是

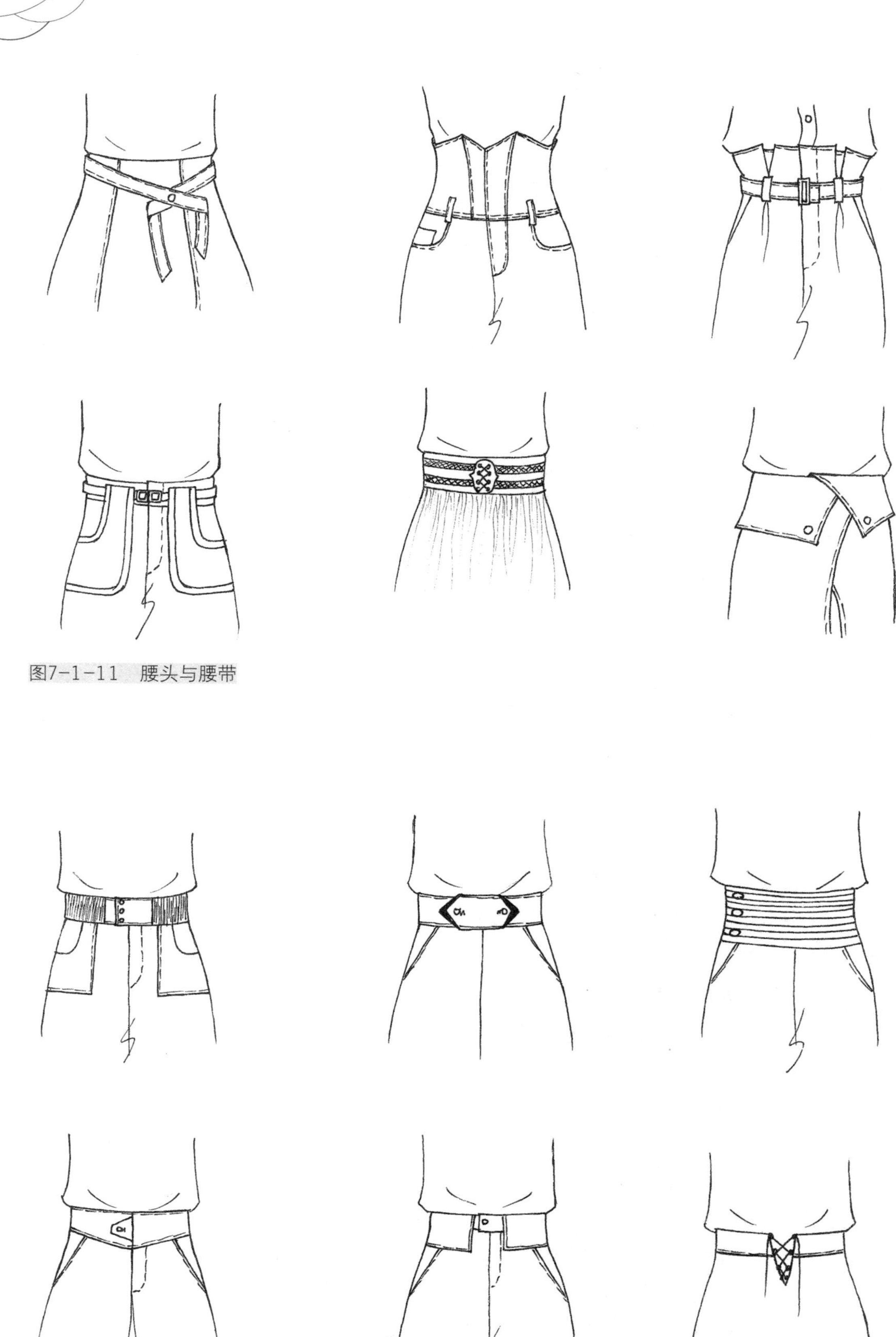

图7-1-11　腰头与腰带

图7-1-12　腰头和腰带与穿着者体型

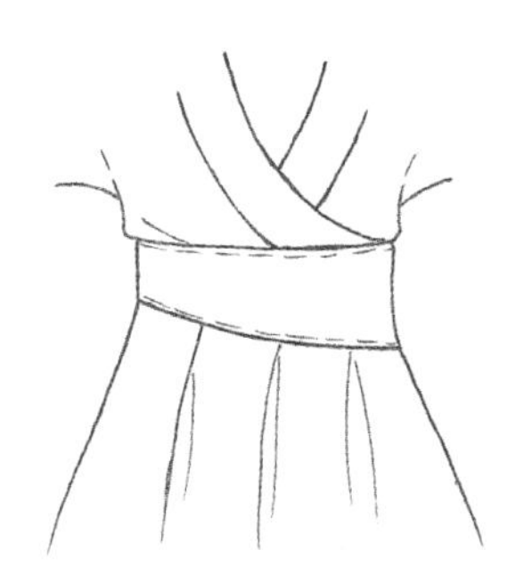
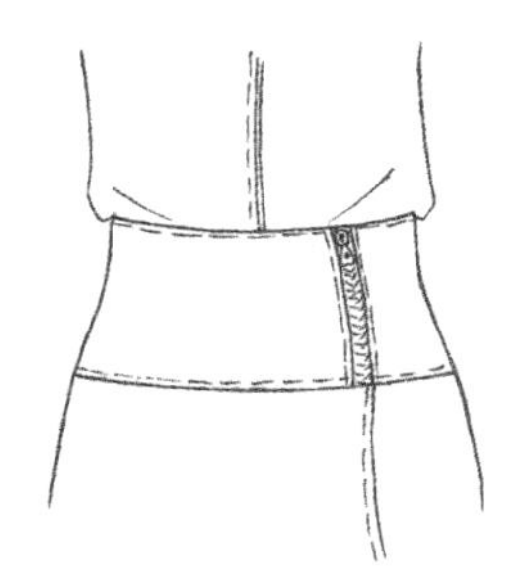

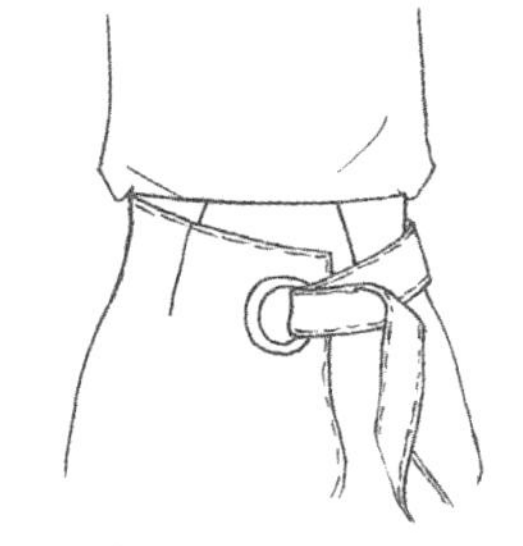
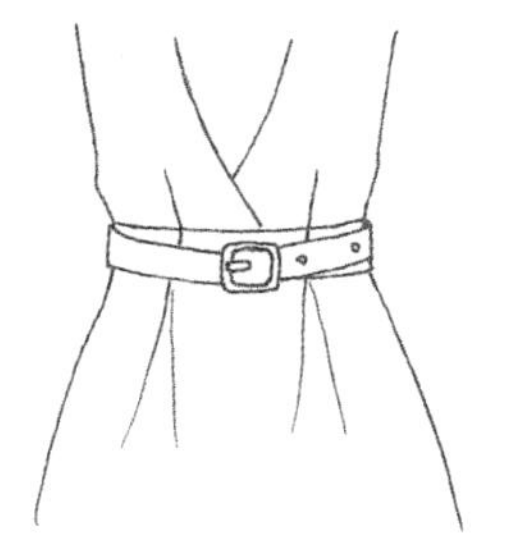
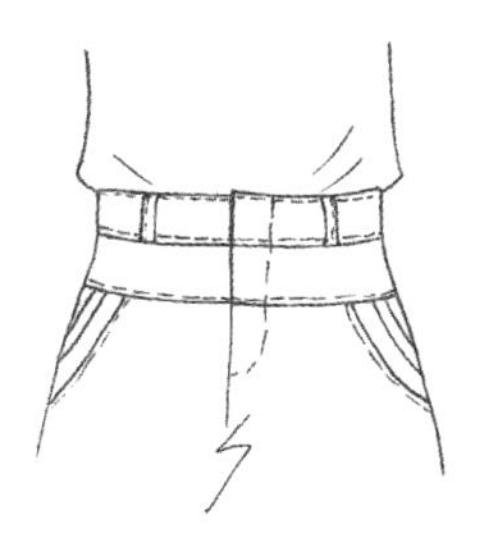

图7-1-13　腰头和腰带与服装整体造型

图7-1-14　腰头设计应符合流行趋势

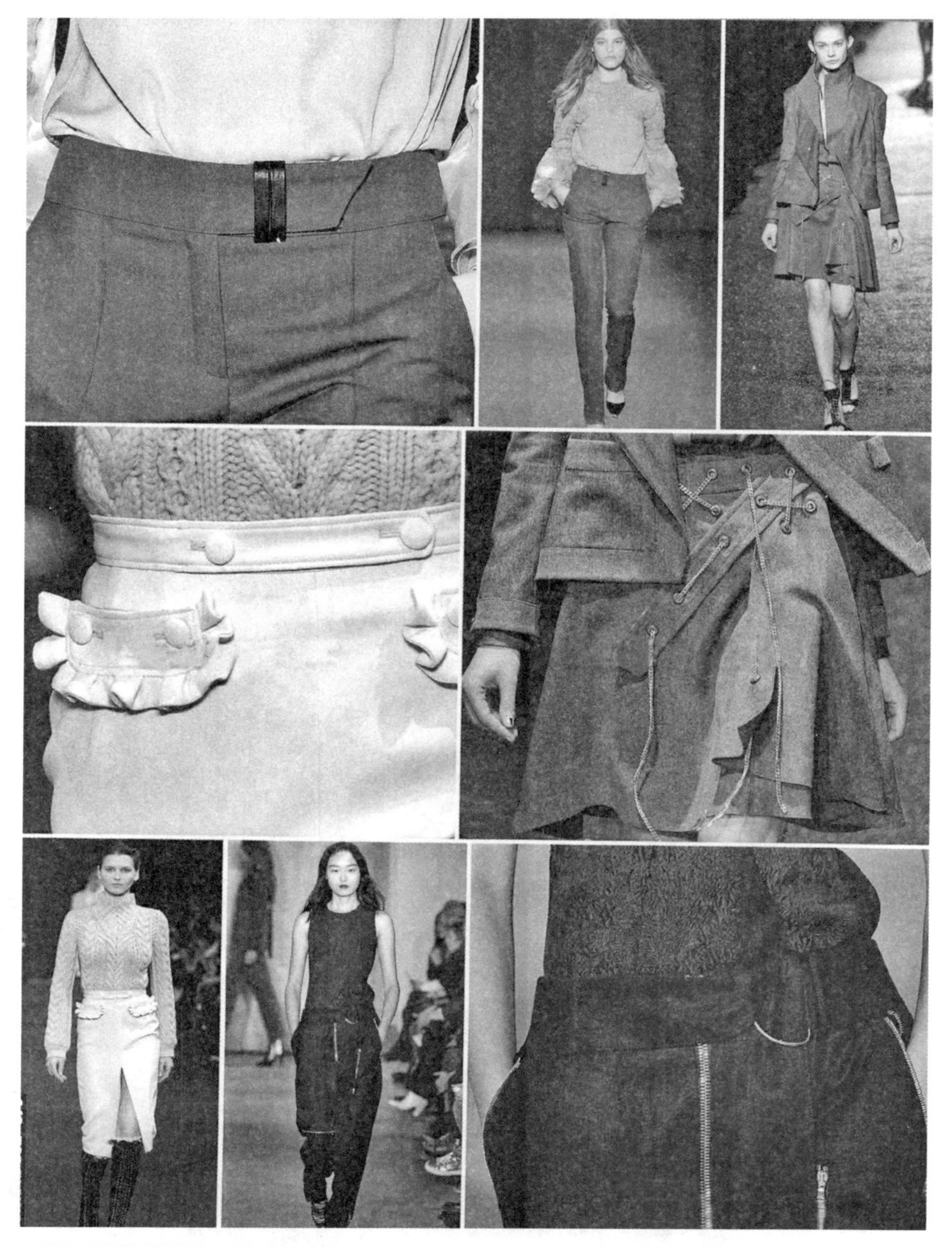

图7-1-15　腰带设计的细节实例

相对简单的一种口袋造型，如图7-1-16所示。

2. 口袋的构成特点

口袋的构成特点主要取决于口袋与衣片的关系、口袋自身的大小、位置的高低、形态的特征，以及袋口和袋盖的关系等。另外，缉压明线、镂空、贴花、刺绣等装饰的方法和改变其扣、绊、带的系结方式等，同样也能丰富口袋的造型特点，如图7-1-17所示。

3. 口袋的设计要点

（1）口袋的位置大小要适中，要以适合人手的插放为原则。

（2）口袋的形式要与服装的造型特点相协调。例如，衣服的造型是以硬

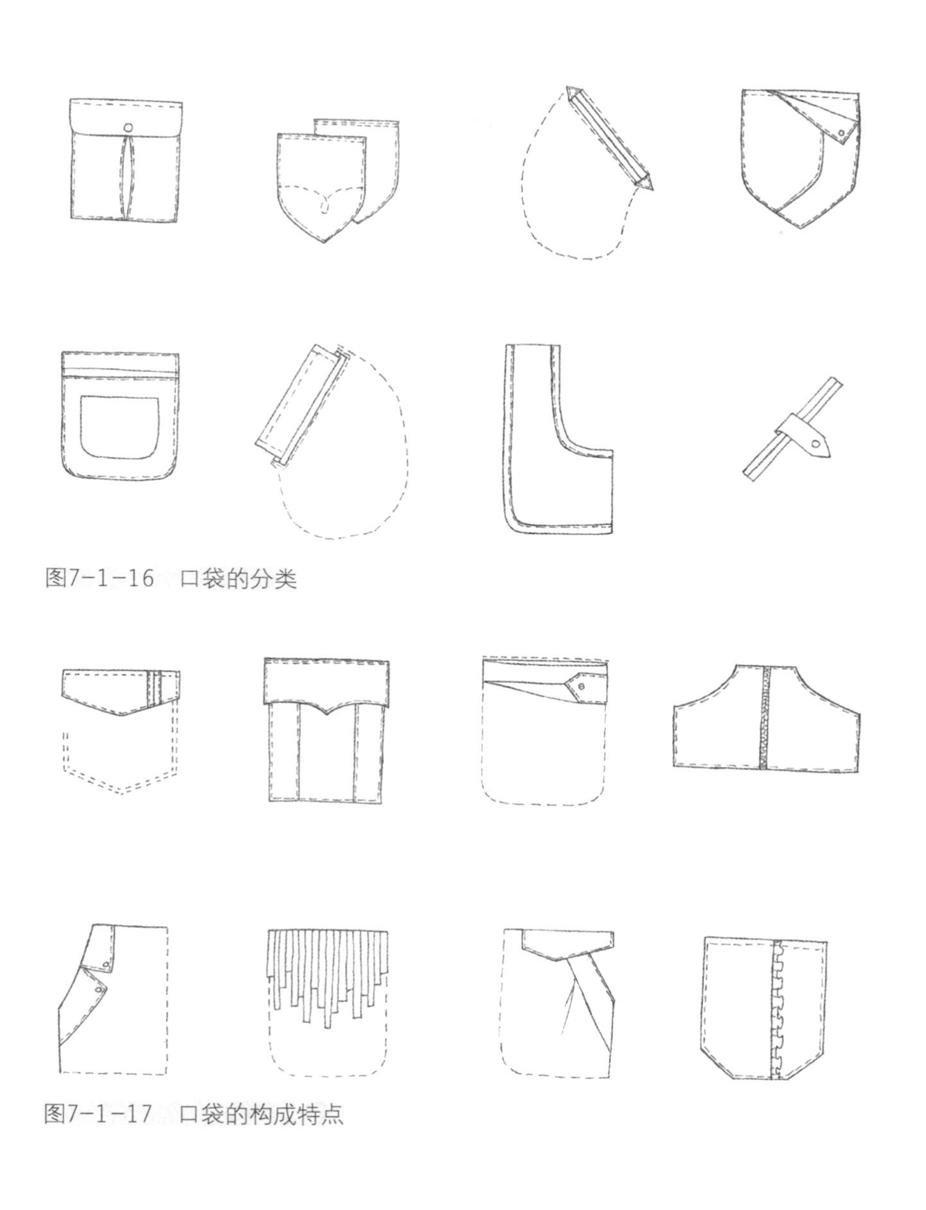

图7-1-16　口袋的分类

图7-1-17　口袋的构成特点

式设计的风格为主，其口袋的造型也应以直线的分割设计为主。

（3）口袋的面积安排要与衣身的面积成正比。例如，衣服的造型以宽大的风格为主，那么，口袋的面积就应该大些，而反之就应当小些，如图7-1-18所示。

口袋的装饰手法要与其他局部相一致。服装内部各因素之间的相互调和是服装设计的前提条件之一，因为只有内部造型取得调和的服装，其外观特点才能给人一种赏心悦目的快感。因而，口袋的造型无论是从哪方面都应当与服装其他各局部的造型取得相互间的统一协调，因为只有这样，才能保证服装最终达到完美的视觉效果，如图7-1-19所示。

五、门襟

门襟是衣服前身的衣领开口，它不仅具有穿着方便的实用功能，同

图7-1-18　口袋设计要点

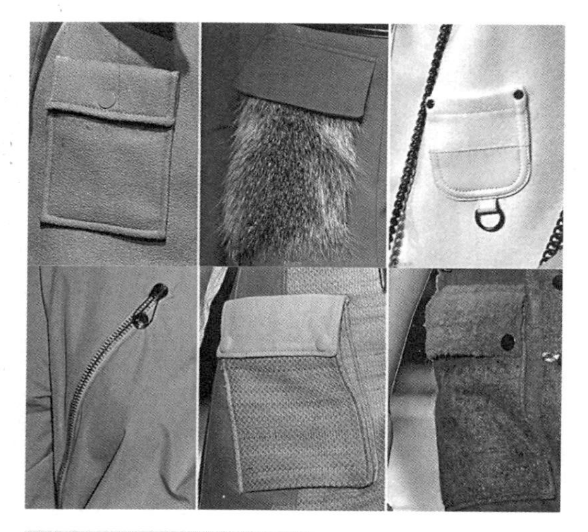

图7-1-19　口袋装饰手法

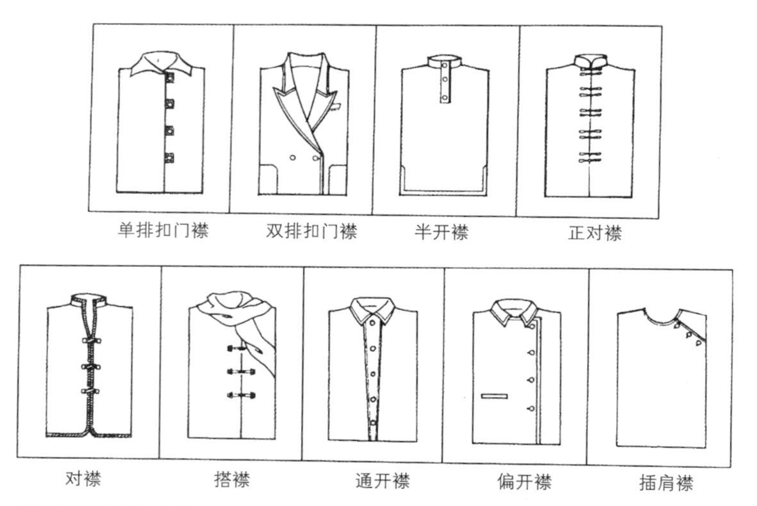

图7-1-20　门襟

时也是服装的重点装饰部位，如图7-1-20所示。门襟的构成形式一般是左右相互重叠，重叠的部分被称之为搭门，重叠时露在外表面的为大襟，里面的为里襟。在设计过程中，有时为了功能上的需要，设计师也常在服装的肩部、摆缝、后背、腰部等处设置一些开口，这些开口无论它们与衣领有无关联或尽管它们的设计原理与门襟相似，但依然称之为开口，而不可以叫做门襟。

1. 门襟的分类

根据门襟的造型特点，门襟基本上分为以下九种类型。

（1）单排扣门襟。

（2）双排扣门襟。

（3）半开襟。

（4）通开襟。

（5）对襟。

（6）搭襟。

（7）正对襟。

（8）偏开襟。

（9）插肩襟。

2. 门襟设计的要点

（1）门襟的装饰手法应与其他各局部的方法相互协调、衬托。

（2）要与领型的造型风格协调一致，衔接自然。

（3）注意扣子的排列方式应与门襟相调和。

（4）门襟的设计要符合工艺制作的要求。

第二节　服装的整体设计

在我们讲整体设计之前，首先应搞清什么是“整体”。我们这里所讲的“整体”就是指服装的整体造型，即，如果我们的设计任务是单件服装的设计，那么，这里的整体就是指围绕着这件单一的服装款式而展开的设计。如果我们的设计任务是一个系列的服装设计，那么，这个整体就是指围绕着这一个系列的服装款式而展开的设计工作。也就是说，无论设计什么，作为设计者都要把自己的设计对象看成是一个整体，并运用自己已掌握的设计知识来完成这个设计工作。下面我们就单体设计和系列设计的整体设计方法来加以研究说明。

一、单体设计的方法

单体设计就是单件的服装款式设计，其整体的设计方法应按以下步骤进行。

（1）根据客户的设计要求及前提条件，确立设计的风格。比如是活泼型的，严谨型的等。

（2）依据设计的风格，确定服装外型的特点、色彩的选配，面料的选用。

（3）进行服装廓型内部的分割，设计安排比例的大小、色彩面积的分配和面料的配制。

（4）对局部进行设计，各局部应与整个服装的外型相适应协调。

（5）进行大小装饰比例面积的分配、组合安排，调整各部分的内在联系。

（6）利用统一的装饰手法进行整体上的内容充实与丰富。

（7）检查服装款式的整装效果是否符合顾客的要求，整体外观是否统一协调。

二、系列设计的方法

所谓系列，指的是那些成组、成套的具有内在关联的事物。服装的系列设计就是指有相互关系的服装群体的整体设计。

1. 服装系列设计的分类

在服装系列设计中一般是以组成系列的服装数量来划分类别的。两件套的服装设计，称之为双体设计。如情侣装、母子装等，是最小的系列组合形式；3~4件套的服装设计，称之为小系列设计；5~6件套的服装设计，称之为中系列设计；7~8件套的服装设计，称之为大系列设计；9件套以上的称之为特大系列设计。其中最为常见的是5~6件套的系列设计。

2. 系列服装设计的原则

服装的系列设计，其难度要远远大于一般的单件服装设计。而且系列越大难度也就越大。因为在整个设计过程中，它不仅要考虑到整体形式的统一，还要考虑到每一款作品的独立性，所以，服装系列设计的成败关键看设计得能否在“等质类似性”原理的基础上，把握好统一与变化，对比与协调的关系。

所谓“等质类似性”原理指的是事物在发展过程中既以相同的量相互联系，又以各自不同的特征相互映衬两个方面。

在系列服装的设计过程中，构成服装的同一要素，如廓型、色彩、面料，着装的方法，装饰的手法、制作的工艺等，单个或多个的在各款服装上反复出现，就会造成系列服装中的某些内在联系，而使得整个服装系列看上去具有一种统一的形式感，而且这些同一的要素在系列服装中出现的越多，其统一感也就越强。从而使人们在视觉和心理感应上形成连续性，起到了增强这一组服装的凝聚力和排它性的作用。但是，与此同时，这些同一的要素在系列服装中又必须作大小、长短、疏密、强调、正反等形式上的变化，使得各款服装之间又互不雷同，每一件服装又有属于自己的特点和个性。即各款式服装虽然形式相当，但却又各具独立性，这就是“等质类似性”原理在系列服装设计中的运用。当然，应当注意的是同一

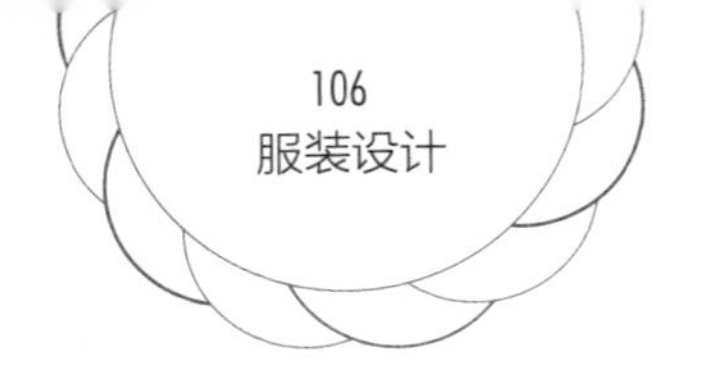

图7-2-1 系列设计实例一

因素的变化要适度，跑过头，群体的统一性就会受到破坏。

当我们知道了服装系列设计最大的特点就是要具有时空上的延续性时，同样的道理，统一与变化这一形式美的原理在系列设计中的运用，也已不再是仅仅表现于某一件作品上，而是被赋予了更大的范围。因此，为了使统一与变化这对矛盾在服装的系列设计中能够完美的结合起来，我们通常的设计方法是群体上保持统一的风格，而让单体进行局部的变化。

另外，在服装的系列设计中，设计的重点是根据服装的风格来确定的，而且构成服装的各个因素都可以升华为设计的重点。例如：当我们以服装的形态为设计的重点时，其整个系列设计的风格表现，都应围绕着形态的特点来展开设计。而当我们以面料为设计的表现重点时，其系列设计就应以表现面料的搭配、质地的肌理等为主来展示设计的主题。诸如此类都是一样，也就是说，系列设计只有给人以鲜明的主题形象，才能使人留下深刻的印象。

3．系列服装设计的方法步骤

（1）按照设计要求，确立整个系列的总体风格及表现主题。

（2）根据总体风格、确定外型的特征。

（3）安排外型分割的比例面积。

图7-2-2 系列设计实例二 Guo Pei（郭培）2015/16秋冬女装

（4）确定共同的因素，进行色彩的搭配，面料的选用。

（5）进行各局部的造型设计，并协调与外型的关系，调整各款式的内在联系。

（6）利用统一的装饰手法进行整体的装饰点缀，加强系列性。

（7）检查系列设计的统一感和整体效果是否符合设计的要求，能否体现最初的主题思想。

4. 系列设计的实例（图7-2-1，图7-2-2）

1. 各种领型造型的练习。（黑白图2张，八开）
2. 各种袖型造型的练习。（黑白图3张，八开）
3. 各种腰头及腰带造型的练习。（黑白图3张，八开）
4. 各种口袋造型的练习。（黑白图2张，八开）
5. 各种门襟造型的练习。（黑白图3张，八开）
6. 5~6件套系列服装设计练习。（彩色效果图3张，四开）

第八章
专题服装设计

通过前面的学习，我们已经掌握了有关服装设计的基本方法，并做了大量的练习。但是要真正成为一名合格的服装设计师仅仅知道和掌握了这些知识，还是远远不够的。还必须在以后的实践中不断探索、丰富、提高自己的专业知识，才能走向成功。因为在人类的发展过程中，出于人类自身的各种目的要求，服装也在不断发生着演变。新的服装种类，新的服装功能，新的服装流行等，层出不穷，变幻莫测。因而这就要求每一名设计师必须时刻站在消费者的立场上，分析市场的变化，分析不同消费者对不同类别服装的功能要求和精神需要，并从宏观上把握不同类型服装的设计特征，有的放矢地设计出深受广大消费者满意的服装。

第一节　职业服装设计

一、职业服装的概念

职业服装，指的是那些能直接表明人的身份、职业及工作特点的形态统一的服装。

说直接表明人的身份、工作特点是相对于一般生活服装而言的。因为一般服装也能或多或少的体现出一个人的身份、地位和工作特点，但它却是间接表现的，而职业服装则是直接表明的。说职业服装是形态统一的，是说它在形式上有相应规范统一的特点，如：色彩、款式、面料和装饰附件等，都有一致的格式、内容，而这些都是生活服装所没有的。

职业服装的整装形式往往代表了某个团体、某个行业或某个机构，是这些团体的主要外部形象之一。尤其是职业制服，有着明显的标识和名誉作用。与生活服装不同，职业服装不是表现个人，而是表现一个机构、团体，甚至是体现一个国家的形象，如图8–1–1、图8–1–2所示。

二、职业服装的分类

从职业服装的实用功能及特性上来看，职业服装可分为三大类。

（1）以突出企业形象、体现职业特点的工作服类。例如：高级酒店中员工的工作服，医疗卫生行业员工的工作服等。

（2）按照规范样式标准，整体划一的具有强化

图8-1-1　高铁制服设计

图8-1-2　意大利女装设计 Ettore Bilotta（埃托夫·比洛塔）为阿提哈德航空设计全新制服

行业责任感的职业制服。例如：工商、税务、部队等行业人员的着装。

（3）以在工作中起到安全保护作用为主体的劳动保护服。例如：炼钢工人、建筑工人、潜水员等在工作时所穿用的着装。

三、职业服装特点

职业服装是企业、团体的“名片”，人们可根据企业、团体员工的制服所塑造的整体形象，判断出该企业的性质、经济实力、经营理念、文化品位和企业、团体精神等各方面的物质与文化内涵，从而使企业团体的品牌形象在人们心中树立威望和信赖感。

另一方面，企业、团体充分利用制服的文化特点，突出职业形象识别，显现职业精神内涵和职业魅力，同时树立员工的敬业精神，增强凝聚力。市场经济纵深发展超越了初期以生产为导向，和中期以产品来进入市场导向的时代，到今天，市场经济的核心已转移到品牌（形象）导向上。越来越多的企业、团体为了树立自己的品牌形象，导入了CI形象识别系统，而职业服装设计就属于企业、团体的CI形象识别系统中的一个方面。在体现团队精神、形象传播和职业特色等方面最为直观。

因此，职业服在企业、团队整体形象策划中的作用，也受到企业家和设计人士的关注。产品质量的趋同化、品牌形象的识别化、CI体系的建立，都需要一流水准的职业服装设计师。目前国内时装设计师处于草创和发展阶段，职业服装的设计人员比较匮乏，职业服装虽归属于CI形象识别系统，但CI策划者却不一定能设计职业服装，因此，职业服装设计师应该是具有专业设计技能的人才。

职业服装，即与人们的职业特点密切相关的服装，它首先是区别于生活、休闲用的服装，是从事各种劳动的工作用服装。职业服涵盖范围很广，社会中某些企业、团体以服装作为整体性标识或保护某些特殊职业的人的人身安全用装等，都是职业服装。它必须满足于企业、团体的整体形象的统一，符合企业、团体的CI识别系统，同时便于劳动组织、生产管理、满足劳动过程的功效要求。

总之，职业服装是既能表明职业特征，又用于工作、生产的服装。与职业服装具有相同含义的其他名称有工作服、作业服、制服、工装、劳动服等。另有直接按职业装的用途冠名的，如酒店制服、保安服、校服、护士服、学生服等，如图8-1-3空姐制服所示。

职业装是随经济条件的改善、科学技术的进步、安全保护意识的增强和审美标识用途的确立而逐渐发展起来的。在很长一段时间里，职业装因受到特定条件、观念意识等因素的影响，大多简陋粗糙，并且没能作为一项严格的着装制度及行为规范来执行操作。随着现代社会的发展，由于各种条件得到了相应的改善提高，职业服装上的防护性能和实用机能被充分重视，行业的发展开始需要设计周到、制作讲究的服装来凸显企业的形象。可以说，职业特性和职业需要，是职业装的特殊属性，因此，职业装越来越具有专业化、制度化的倾向，从选料、用料、裁剪、制作到附件配件、外观式样，都是建立在对服装继承、变化推新和精心设计的基础上来完成的。我国目前的职业装在设计、制作和使用上尚处在发展阶段，还不能真正满足对迅速增加的各行业、各工种的用装以及季节性或定期性（如两年一次）的换装需求，也缺乏全面提供严格、规范、系统、高质量的操作管理与穿着用品，对专用服装具有的概念性质所应体现的式样特征及穿用范围也把握得不够准确。因此，特别需要学习、借鉴欧美等发达国家精造的职业装特点，不断积累经验，提高自身水平。

1. 职业装的性质

概括起来，职业装通常具有以下几点特性。

（1）职业性：职业，既是人推动社会发展的劳动分工，也是人赖以生存的谋生方式，其本身具有的劳动性质，需要在严格规范的前提下来获取一定的功效。职业装，通常应突出专业形象以及爱岗敬业、积极进取的精神风貌，着重凸显企业凝聚力的优秀品质，并将衣着的式样与从事的职业有机结合起来，以便充分显示其独具魅力的工作特点，如图8-1-4所示。

（2）标识性：职业服装中的标识性，极易反映有关职业的某种特性，即通过穿着的行为所表达的职业特征。很显然，衣着的标识意义在于能够区分不同的职业及职别，显示各种职业在社会中拥有的形象、地位和作用，并在引导激发员工对本职工作的责任心和自豪感的同时，征得来自社会的了解与评价，其广告宣传的标识用途是不言而喻的，如图8-1-5所示。

（3）标准性：具有团体性质的公司、企业、商业及医疗等行业，由于涉及广泛和复杂多样的工作内容，所以是需要庞大的组织规模和奏效齐全的内部分工来操作运转的。因此，所属职员的服装穿着应遵循标准统一的程式，注意着装在色彩、款式、面料及配饰等方面的整齐协调，寻求表现正规严谨、视觉醒目的风格特征，便于行业部门的区别管理，也利于职业用装的批量生产。

（4）实用性：穿着的实用性是职业服装中最基本的特征之一。由于具体工作的穿用关系，需要服装具有舒适合体、穿脱方便、易于活动和适于工作等特点。职业服装的穿着目的是为了达到各种职业特定的环境条件及工作情形所

图8-1-3　英国50年前的空姐制服

图8-1-4 职业装的职业性

女服务员

女经理

图8-1-5 职业装的标识性

图8-1-6 职业装的审美性

需的着装要求，服装要通过舒适合理的衣着作用和防护性能，将员工的生理、心理调整到良好的状态，来进一步提高生产效率和工作业绩。

（5）审美性：职业装除去围绕专属的工作性质来设置一定的穿着形式外，美观成分的添加也是不容忽视的。"工作者是美丽的"不仅仅体现在工作劳动本身，也反映在存有美感特征的着装表现上。经过设计美化的工作用装，往往会激发人们对从事职业的热情，增加视觉感官的愉悦，减少劳动操作的紧张乏味，缓解服务接待的疲惫压抑，起到点缀空间和美饰环境的作用，甚至可以对日常的生活用装构成影响，如图8-1-6所示。

2. 职业服装的功能需要

（1）生理的需要：对职业服装的生理需要表现在服装的卫生性能上，如透气、吸湿、保暖防寒等。职业服装的设计首先从穿着者的健康考虑，根据工作区域的气候、工作环境和性质等因素进行选料、设计、制作。例如：炎热潮湿地区，在设计衬衫、T恤等贴身工装时，要尽量选择含棉、麻量高的面料，否则很容易造成穿着的不适，甚至诱发皮肤病。

在设计高温条件下、工作强度大的防护服，如冶炼、翻砂等工作服时，除选择透气、隔热性能好的面料外，在上衣腋下一般采用网状材料或留散热孔，目的是增加透气散热性。

（2）安全的需要：服装的安全性表现在服装的牢固度、耐腐、抗侵害度与便于活动等方面，强调"安全生产"工装作为劳动者在生产环境下的着装，对此承担重要作用。

建筑行业需要选用厚实耐磨的工装，因为该行业工作人员经常要与粗糙、坚硬的材料打交道，如果工装不牢固，会对人身安全构成潜在的威胁。

从事化工、化学和药物试验的生产一线的工作人员的服装，除在款式造型上采用密闭式设计外，其材料采用耐腐蚀、防辐射、抗菌性面料相当重要，防止有害物质对人身的伤害。

（3）精神的需要：很大作用要增强团队精神和集体荣誉感，好的职业装设计，一方面反映企业团体的精神理念，显现员工的精神面貌和职业魅力，树立员工的敬业精神，增强企业、团队的凝聚力；另一方面，职业服反映一个企业、团体的性质和经济实力，体现经营和服务理念，使消费者和顾客产生信赖感。

四、职业服装的设计要素

1. 职业装的设计过程

（1）调研考察：宏观调研——了解企业性质、

管理制度、CI形象识别系统、相同行业制服的国内外现状与特点。实地考察——了解工作性质、工作环境、工作对象，了解可能的伤害和伤害源。

（2）确定方案：包括设计图稿、缝制工艺、价格草拟、成本核算等。

（3）试制样衣。

（4）成衣生产：根据工艺流程确保工艺样衣标准。

2. 职业服装设计方法

由于上述三种类别的职业服装在实用功能及特性上各有特点，所以，当我们在进行服装设计时，要科学合理地把握好三种不同类别职业服装的设计特征，并在艺术表现方法上有所侧重。其原则如下。

（1）分清类别、熟悉设计条件：在设计之前，确定职业服装的类别是进行设计工作的前提。也就是说，首先应对所设计的服装有一个宏观的认识和把握，并划清类别。然后再对穿着的对象、服务的行业、服务的方式、服务的环境、季节、时间等做进一步深入的了解，并以此为条件，来确定所设计职业服装的整体风格。

（2）确定设计主题，规划设计风格：在了解了所设计服装的工作环境、工作内容、工作特点以及其他相关条件以后，应确定其设计的主题和设计的风格。重点在以下几个方面。①服装的造型特点：是现代风格的、民族风格的、传统风格的，还是时尚风格的等。②服装的色调界定：是冷色调的、暖色调的、暗色调的，还是华丽色调的等。③服装的材料选配：是天然纤维面料、人造纤维面料、合成纤维面料，还是混纺纤维面料等。④服装的装饰方法：是局部装饰还是整体装饰等。

3. 运用设计法则，完成设计内容

当我们在确定了服装设计的主题及风格以后，即可以用前面所学过的设计法则针对所要设计的内容来展开设计工作了。但值得注意的是，职业服装，特别是劳动保护服与一般普通服装相比更加注重服装的实用功能。因此，在具体的设计过程中，一定要充分的考虑服装造型的合理性和舒适性。降低服装对人体的束缚力，尽量满足人体生理上的需要，提高劳动效率，并加强对人体的保护作用，最终完成设计任务。

（1）标识设计法：通过在服装款式、结构、色彩、面料、着装方式、装饰物配备上的设计，按照各行业的特殊限制和需求形成具有划一、特定性的服饰语言，成为集团的象征物和标识物。并且，在集团内部，职业的细分化，对应于各种工作的特性产生了各种职业装，除了具备相应的机能外，同时也作为不同职务和分工的象征，发挥标识的作用。

（2）功能设计法：功能设计法着重研究“人—服装—环境”的关系，具有操作性、安全性、信赖性和保守性的特点。使人在一定环境中有最佳的穿着效果和作用。

五、职业服装款式造型的重点设计

（1）领型设计：立领、立翻领、翻领、驳领、无领。（如采矿、建筑业，劳动强度大，易受有害物质影响和粉尘的侵入，领子通常采用立翻领）

（2）门襟设计：明门襟、暗门襟、纽扣、拉链，其装饰作用的门襟形式有叠门襟、斜门襟等，还有侧门襟、后门襟等。在设计上经常采用镶拼、包边、刺绣等工艺。

（3）袖型设计：袖口有松紧式、可调扣袢式，主要作用是抗菌、防污，在袖臂上可根据需要加口袋或具有标识作用的臂章等。

（4）口袋设计：平贴袋、斜插袋、立体袋、内贴袋等。

企业的标志、文字、胸牌可在上衣胸部体现。

六、职业服装与配件

（1）识别性：帽饰、肩章、徽章、缎带、领事、厨师帽、护士帽、警察大盖帽等。

（2）防护性：安全帽、手套、靴、腰带、荧光条纹等，还可采用鲜明的色彩起到安全防护作用。

（3）装饰性：领花、领结、领带、领巾、腰带、腰节、腰封等。

七、职业服装色彩设计

色彩是职业服装设计的重要内容之一，其标识性归属于企业、团体的CI形象识别系统，其功能性归属于企业、团体的工作性质和内部管理体系，色彩的作用主要表现在心理、生理和象征性等方面。

职业服装归属于企业、团体CI形象识别系统中的视觉识别VI应用要素之一，因此，应首先将企业、团体的标准色（标志色、辅助色）应用到职业服装中。职业服装的色彩设计通常是将标志色作为主色，搭配辅助色使用，但色彩设计要与职业装的款式造型有机结合。

有些企业、团体的标志色难以应用于整体服装上，则可以采用标志色作为辅助色或点缀色用于服装上，也可选用企业团体的标志色的相邻色作为服装主色。

服务行业的服装，如酒店制服，在色彩设计上，要考虑与室内环境色彩的协调性，其标志色通常在服饰配件或装饰上体现，如领结、领带、领花、胸饰或在服装上采用镶、拼、包、滚边等工艺形式，将标志色用于其中。总之，职业服装色彩要根据企业、团体的整体形象识别系统，体现其工作性质、经营理念、团队精神和象征意义。

职业服装色彩在实际工作中的功能性，主要体现在对员工的心理、生理的影响，对企业、集团内部组织管理、安全生产等方面的作用。如航空乘务员的服装色彩通常采用天蓝色，象征着职业特点，竞技比赛服装的色彩，采用明快的对比色，有助于运动员进入最佳的兴奋状态。工作服的色彩与室内环境、机械设备的色彩适当的区别，既安全又能振奋精神，对提高工作质量和保护工作者的心理健康起重要作用。再比如：医疗行业，手术大夫的服装通常采用绿色，与红色形成补色关系，目的是能及时调整视觉神经对色的适应性，避免视觉疲劳，而护士的服装色彩，则采用宁静、安详、干净的浅粉色、淡蓝色、乳白色等，有助于情绪稳定，起到辅助配合治疗的作用。

总之，职业服装色彩设计是职业服装设计的重要部分，设计前同样需要实地考察，包括室内、室外环境、室内光线、照明、办公家具及用品、生产设备等的色彩条件，均可作为职业服装色彩设计的重要参照。

八、职业装设计原则

1. 针对性

针对同一行业、不同的企业、团体，同一企业、团体的不同岗位，同一岗位的不同身份、性别等，具有针对性的职业着装，其目的表现为社会意义上的标识作用和功能意义上的防护作用。

职业服装设计必须对企业、集团的性质、生产组织、服务特征、工作状态等实地考察掌握第一手资料，提出具有针对性地解决方案。

职业服装设计针对服装材料、制作工艺、衣着方式、包括服饰搭配、服装洗涤、保养等生产、使用因素，通过设计得以解决。

2. 经济性

影响职业装价格的因素是服装的材料和加工成本，选用的材料档次、性能决定了其价格。加工成本包括款式造型、工艺制作难度及成衣过程中各种损耗。

作为企业、团体需求方，追求物美价廉是基本要求。作为供给方，处在材料采购渠道上、付款方式上争取价格优势外，重要的是在款式造型设计时，考虑影响生产成本的综合因素，追求合理的性能价格比。实用与耐用是在设计时必须充分考虑的因素，如适应春夏季节的夹克工装，可在袖窿处装隐形拉链，一衣多穿，一衣多用，在于找出设计上的变化，并加以变通。

3. 审美性

服装的艺术性是审美的共性，职业装本身遵循形式美法则，运用点、线、面、色彩、材质、缝制工艺等要素，相互产生统一与变化、对称与均衡、平衡与节奏等风格上的美感。在满足单个服装审美性外，群体着装与特定环境的协调美可提高企业、团体的文化品质。

第二节　高级时装设计

一、高级时装的概念

高级时装指的是那些具有较高的审美和导向性的服装，它不仅反映着某一时期社会经济、科技、文化、艺术的最高水准，而且还预示着流行的主体方向。其特征既具有超前性和时尚性，又常以单件套或单组的系列服装形式出现，是服装设计中难度较高的一类。

二、高级时装的分类

高级时装一般包括艺术性时装，导向性时装，个性化时装三类。

图8-2-1　Guo Pei（郭培）2015/16秋冬高定

1. 艺术性时装

是指时装设计师创作的那些带有一定主题和文化气息的时装作品，主要用于表现作者的艺术追求和艺术主张，如图8-2-1所示。常见于一些服装设计大师的个人秀或者时装设计大赛的参赛作品。这类大赛主要是为了开拓设计师的设计思路，挖掘和培养新的设计人才。而那些服装设计大师的个人秀，则是更多的带有个人的目的性。但是，它又对促进国际间各民族文化艺术的交流和服装文化的发展起到了关键性的推动作用。

2. 导向性时装

一般是指高级手工时装发布会的时装作品，它是以展示性和传播性为主的时装设计。代表着某一阶段内，服装文化的潮流及服装造型的整体倾向，具有引导国际服装市场和改变人们穿着方式的作用，如图8-2-2所示。这类时装设计，一方面是建立在社会经济、审美观念和消费意识的基础之上；另一方面是建立在流行色彩、流行织物和流行款式的基础之上，并且遵循着服装的预测和流行的规律来完成的。像皮尔•卡丹、纪•龙雪、克里斯汀・拉克鲁瓦等世界级时装设计大师的专场作品展示会，均属此类设计作品。

3. 个性化时装

通常指的是那些具有独立性格、标新立异的单体时装。这类时装往往是针对某个人而进行的独立设计，并不注重普及性，如图8-2-3所示。因此，这种个性化的时装在设计时应充分考虑着装者的身份、地位、性格、情趣、审美标准等，和与他人之间的不同之处。在服装的造型及各种要素的处理上，按其实际的需要进行创作，力求设计出的时装作品具有独特的艺术魅力和超凡脱俗的品格。

三、高级时装的设计要素

上述三类时装，虽然均属于创意性的服装，但是由于所针对的对象、环境、目的、用途及条件等不同，在设计的造型要素方面，如款式的造型特征、色彩的配制、材料的选用、服饰的装点以及总体风格的确立，设计的寓意性等方面也有较大的差异。因此，设计高级时装，要注意划清其不同的属性、类别，并按它们各自的设计条件、特点来企划设计的风格、思路。以便更好地利用设计的原则、方法来体现高级时装设计所遵循的新、奇、美的风格定位。

图8-2-2　Guy Laroche（姬龙雪）2016春夏女装

图8-2-3　Christian Dior（克里斯汀·迪奥）2015秋冬女装

第三节　礼服设计

礼服（也称社交服）原是指参加婚礼、葬礼和祭祀等仪式时穿用的服装，现则泛指参加某些特殊活动和进出某些正规场所时所穿用的服装，从服装的穿着方式来讲，可分为正式礼服和半正式礼服。从礼服的穿着时间来讲，又可分为昼礼服和夜礼服。礼服造型风格多姿多彩，在人们的印象中，礼服几乎是服装美的极致。礼服的造型具有很强的艺术情趣，色彩以明快而绚丽的色调为主，面料多选用高档的丝织物和新型材料，工艺制作和装饰手段都极为精致考究，这些也正是礼服造型美的特征。

一、传统礼服分类

1. 婚礼服

根据婚礼场合及时间，女装造型各异，有的带拖地部分，有的衣长及脚踝，也有的较短。白天举行婚礼时，多是高领，或领口不开得过大，长袖。晚上举行婚礼，则袒胸露背，似夜礼服状。一般都是白色，以象征纯洁。男装白天配以黑色晨礼服，晚上配以夜小礼服或无尾夜常礼服。

2. 丧服

女装造型朴素，庄重，有连衣裙，也有上下分开的套装，不暴露肌肤，夏天也穿长袖，服色以黑色为主，首饰、鞋、帽等也都多用黑色。男装配以黑色晨礼服或黑色西服套装。

3. 午后礼服（半礼服、便宴服）

这是白天参加结婚式、毕业式等庆祝性活动时穿用的礼仪性服装。男装配以晨礼服。

4. 夜礼服（晚礼服）

参加正式晚餐宴会时穿的长连衣裙式的礼服，多袒胸露背，非正式时，裙长可长可短。男装配以夜小礼服或燕尾服。

图8-3-1　晚礼服Elie Saab（艾莉·萨博）2015秋冬女装

5. 晚餐服（夜便礼服）

略式晚餐会穿用的便礼服，不怎么豪华，但很高雅。男装配以夜小礼服。

6. 鸡尾酒会服

用于鸡尾酒宴会上，一般介于午后礼服和夜礼服之间（时间正好是从傍晚到夜里）比较时髦，有个性。男装配以双排扣或单排扣西服套装。

7. 宴会服

在欧美，根据宴会的时间，穿戴不同，午后举办的便宴，要穿午后礼服；鸡尾酒会要穿鸡尾酒会服；朋友们相聚的略式晚餐会，要穿夜便礼服；正式的晚会，要穿夜礼服。男装则要以女装的穿着来决定相应的打扮。

二、现代礼服分类

1. 晚礼服

晚礼服是上层社会人士在晚间出席宴会、酒会及礼节性社交场合时穿着的服装。欧美社会有重视晚间活动的传统，晚间举行宴会、舞会、戏剧和音乐会等要求穿着最正规、最庄重的礼服。在现代晚礼服的设计上，强调个性、讲究造型、追求新奇成为设计的重要特征。造型结构上更多地运用了对比手法，或以款式的结构形成对比，或以色彩的配置形成对比，或以面料的搭配形成对比。这种对比使得构成要素之间的个性特征更加突出，从而在着装效果上产生一种强烈而醒目的感觉，以满足人们对晚礼服特有的审美需求，如图8-3-1所示。

随着当代服装休闲化的流行趋势，晚礼服也在逐渐简化和随意化。在这一点上，美国人比欧洲人走在前面。女性可以用裤装作晚礼服，男性可以不打领结、领带。但是，只要人们依然衣冠整洁、一丝不苟，依然彬彬有礼，则晚礼服所代表的社交精神并没有实质性改变。

图8-3-2　半正式礼服设计

2. 半正式礼服

当代社会文化的发展，使得人们逐渐重视夜生活的方式，在一些大都市中，人们的夜生活越来越丰富。随着夜生活的多样化和品位的提高，晚礼服也自然地走进了人们日常的夜生活之中。现代晚礼服与传统的晚礼服相比，在造型上更加舒适实用和美观。如一些中长型和短款的裙装，宽松的长裤套装和裙裤套装等也进入了晚礼服的行列，这种礼服被称为半正式礼服。半正式礼服的设计比起晚礼服而言相对比较随意，设计的方式也更多，如图8-3-2所示。

3. 婚礼服

婚礼服是新郎、新娘在婚礼上穿用的服装，起源于西欧。特别是在西方一些政教合一的国家中，人们的婚礼均在教堂中举行，新娘要穿白色的礼服，头戴白色的面纱，以示真诚和圣洁，这种装扮也就自然成为婚礼服典型的服饰特征。婚礼服的设计多以“X”型和“A”型为主体造型，其款式结构多以复叠式（裙子外部的形重叠盖住内部的形，构成一种有序的层次感，使之显得雍容华贵）和透叠式（以透明或半透明的面料层层叠压而透叠出一种新的形态，使之产生朦胧虚幻之感，增加其神秘的情调）为主。色彩以白色和各种淡雅的色彩（如浅红、浅粉、浅紫、浅蓝、浅黄色等）为主。但是，无论服装色彩如何变化，头上的面纱总是以白色为主。面料多采用丝绸、乔其纱、棱纹绸及各种再生纤维织物等。面纱一般选用绢网、绢纱、薄纱等面料，如图8-3-3所示。

我国传统的婚礼服主要是以旗袍和中式服装为主，面料多用绸缎，色彩多为红色，象征着喜庆、吉祥，寓意着婚姻生活的幸福和美满。但是，近些年来，由于东西方文化的相互交流，欧式婚礼服在我国大都市也逐渐被年轻人所接受。

图8-3-3 Le Jardin Mandarin（故里花园）2016春夏女装

4. 创意礼服

创意礼服指的是在礼服基本形制的基础上加入诸多创意设计元素的一种礼服设计形式。创意礼服在设计方法和手段上没有什么限制，给予设计师自由发挥的空间比较大。在每季的流行趋势发布会上，如马克·奎恩、约翰·加里阿诺等许多服装设计大师也十分醉心于创意礼服的设计，如图8-3-4所示。

5. 中式礼服

所谓的中式礼服就是在中国传统服装即旗袍基本形制的基础上加入富有中国传统特色的设计元素所进行的服装设计形式。

比如戴镶金缀宝的凤冠、披织绣灿烂的霞帔，系精工细作的红裙之俗在汉族妇女中一直沿用到清末民初。这种浓重的富贵味和火红的基调与婚礼中锣鼓喧闹的热烈气氛非常吻合，反映了中华民族婚礼那种热烈的期盼，如图8-3-5所示。

图8-3-4 John Galliano（约翰·加利亚诺）2013春夏女装

三、礼服的设计手段

礼服作为社交用服，具有豪华精美、富丽堂皇、

图8-3-5　月白嫁衣中式礼服

优雅浪漫、标新立异的特点并带有很强的炫耀性。设计礼服必须具备高超的艺术水平，运用不同的纺织材料塑造出华丽不凡的形象。因此，礼服设计成了衡量设计师艺术才华的一个标准。这也就更促进礼服的翻新变化，时而复古，时而新潮，时而追求豪华，时而流行娱乐型的风格。现代礼服已不再局限于古典的连衣裙样式，套装与裤类也同样可以设计成高雅的礼服，且别具清新脱俗的风情。

1. 礼服的主要风格

礼服风格是礼服设计的重要方面，通常表现为西方情调的古典风格、东方情调的古典风格、民族情调的设计风格、现代浪漫主义风格等。

2. 礼服的造型

西方情调的古典风格礼服的造型设计多以“S”型廓型为主，其款式构成多以复叠式结构（即外裙重叠于内托裙式样）和透叠式结构（即以透明或半透明的面料层层叠压使之产生新的形态）为主。常常运用夸张的手法达到渲染的气氛如夸张其裙子的膨胀感和裙摆的围度，裙裾可夸张到长度达十几米，配以考究的女帽、精巧的鞋、精细的装饰，在高雅的气质中透出一股淡淡的怀旧情绪，也隐现着古典的巴洛克和洛可可风格的影子。

东方情调古典风格的造型是流畅的“X”型，主要以旗袍式连衣裙为主，有端庄高雅的气度透着浓浓的淑女味和水静则深的魅力。现代晚礼服在造型结构上及主体线条上多运用对比的手法，常运用浓郁的色彩、夸张的廓型、多变的曲线其上下装的比例变化大，节奏感强，有较多的装饰。例如上身较短、裙子较长或裙子短、上衣长出现“A”或“Y”型服装廓型特征。夸张的对比因素形成了华丽、优雅、浪漫的观感，表现出色彩绚丽、线条多变、富丽堂皇的气氛，如图8-3-6所示。

3. 礼服的装饰

礼服设计离不开各种装饰手法的运用，无论在礼服的整体或局部上，精心别致的装饰点缀是至关重要的。适度的装饰不但使礼服显得雅致秀美、花团锦簇，而且还能提高身价。许多高贵的礼服常镶嵌价值昂贵的珠宝、钻石及金银线等，以展露华丽绝伦的气派。礼服常用的装饰手法有：刺绣（丝线绣、盘金绣、贴布绣、雕空绣等）、抽纱、镂空、以本色面料制作立体花卉、褶皱（褶裥、皱褶）、钉珠（钉或熨假钻石、人造珍珠、亮片）、珍珠镶边、人造绢花等。

4. 礼服的面料

礼服面料的选择应考虑款式的需要，面料材质、性能、光泽、色彩、图案以及门幅等，均需切合款式的特点与要求。如现代晚礼服的面料多选光泽柔滑、飘逸而悬垂的丝织物或毛织物。婚礼服的面料多采用绸缎、绢网、绢纱、薄纱等。由于礼服注重展示豪华富丽的气质和婀娜多姿的体态，因此大多用光泽型的面料，柔和的光泽或金属般闪亮的光泽有助于显示礼服的华贵感，也使衣着者的形体更为动人。

5. 缝制工艺

一件完美的礼服体现了款式、面料和工艺的协调结合与艺术构成。巧妙的设计构思需通过精湛的工艺去完成，因此工艺是礼服设计的一个重要组成部分。工艺包括构成和缝制两个方面。由于礼服的款式、风格新奇多变，有时平面剪裁难以准确生动地表达构思，所以常采用立体剪裁方法，以获得满意的效果。

图8-3-6　礼服的造型

第四节　休闲装设计

休闲装是从西方的服装文化中演变而来的一种着装形式，它们对不同的文化场所有着极为严格的着装规定。社会高度的机械化，造成了紧张而单调的生活方式，因而都市人都渴望一份轻松和自然，这种文化心态反映在着装上就形成了休闲服装热。休闲装是用于公众场合穿着的舒适、轻松、随意、时尚、富有个性的服装。此类服装的设计需要严格地把握消费者的年龄和产品所要表现的风格。不同的消费群，其休闲装也体现出不同的风格个性如民族风格、现代风格、前卫风格、古典风格等。按休闲装的外观感觉、审美趋向和服饰形象，可将其细分为三种。

一、时尚休闲装

这是一类在追求舒适自然的前提下，紧跟时尚潮流的，甚至较前卫的休闲服。这类服装属于流行服装类，是年青的时髦一族张扬个性、追

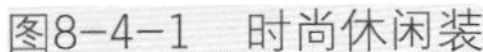

图8-4-1　时尚休闲装

图8-4-2　牛仔风格

图8-4-3　田园情趣

求现代感的主要着装，拥有广大的消费群，常用于逛街、购物、走亲访友、娱乐休闲等场合的装扮，如图8-4-1所示。

牛仔风格、田园情趣为现代年轻人在休闲装中更多地注入了时尚的元素。纯正的流行色、横竖的条纹、夸张可爱的卡通图案、针织套头衫，还有合体的长裤、时髦的短裤、有休闲意味的斜肩挎包等这些都是充满朝气的青春风格。时尚风格的服饰以活泼、轻快和具有现代感的明朗色调，体现了蓬勃的青春气息和独到而时尚的个人情趣，如图8-4-2、图8-4-3所示。

二、运动休闲装

运动意识是现代人都市休闲风潮中的一种现代意识。在现代生活中，体育锻炼、外出旅游已成为人们放松自己、融入自然、享受自然的愉快休闲形式。为适应这类生活方式就出现了将运动与休闲完全相融的休闲装。

运动休闲装具有运动装和休闲装的功能，常用于一般的户外活动，如外出旅游、网球、高尔夫球运动等，表现一种健康、一种闲情逸致、一种紧张后的有意放松的情调以及一种朝气蓬勃、乐观向上的形象特征。此类服装主要由全棉T恤、连帽套衫、网球裙式的短裙、运动休闲裤、POLO帽、运动式的夹克、运动套装和运动鞋等体现，局部细节有拉链、缉明线、嵌边、配色以及夸张的口袋，有多层式、封闭式、防护型等多种款式。色彩大胆鲜明、配色强烈，面料主要用防水、透气、保温、轻薄的面料。还常配上与色调和款式风格相统一的服饰配件，如背包、手套、帽、眼镜等，如图8-4-4所示。

图8-4-4　运动休闲装

三、职业休闲装

职业休闲装带有职业装的稳重、优雅、简洁又有休闲装的轻松随意和个性。

图8-4-5　职业休闲装

这类服装，常用于白领阶层、企业领导人、艺术家等人群的装扮。他们通常要借助服装来表现个人独特的形象和品位因而青睐那种看似不经意却耐人寻味的装扮。这类服装款式简洁，线条自然流畅，如随意的外套、针织和编织的套装、休闲西裤、传统的牛仔裤、休闲皮鞋、简洁素雅的短裙、套装等。色彩多为中间色、粉色和自然色系列。面料以天然为主，图案含蓄、雅致、大气，如图8-4-5所示。

第五节　内衣设计

一、内衣的概念

所谓内衣指的是穿在服装最里层直接接触人体皮肤，具有卫生保健作用的衣物。

二、内衣的分类

内衣作为服装设计的一个重要组成部分，其造型特征，根据不同的功用特点和表现形式可分为三种类型。即贴身内衣、辅正内衣和装饰内衣。

1. 贴身内衣

穿着在服装最里层的衣物，有内衣和内裤两种。内衣包括背心、胸衣、汗衫等；内裤包括三角裤、衬裤等。贴身内衣在选材上多采用纯棉弹性织物，既可以保持或调节体温，又能阻隔身体分泌物与外衣的

图8-5-1 舒适型胸罩La Clover（兰卡文）2015春夏系列广告大片

接触。同时又具有穿着舒适，方便肢体活动的特点。色彩多以白色或淡雅的颜色为主，款式的设计上更加注重衣物的适体性和简约性，力求给人一种柔和的美感。

2. 辅正内衣

主要指的是那些具有强化人体曲线，能弥补人体的某些不足，调整人体美感的功能性内衣。主要包括：胸罩、束衣等。

（1）胸罩：胸罩是遮盖胸部，体现乳房健美的一种女性专用品，其主要功能是保持乳房的稳定，矫正乳房大小和高低的形态。同时，抑制肋下或上腹部多余的脂肪，从四周将属于胸部的脂肪很自然的回归到其本来的位置，以求得理想的胸部曲线。胸罩在造型上可分为以下几种类型。

①舒适型胸罩：在设计上没有使用钢圈固定，是以弹力棉性质的材料塑型而成。穿着时会产生一种无拘束的舒适感，是现代女性所喜欢的胸罩之一，如图8-5-1所示。

②钢圈型胸罩：这类胸罩具有托举乳房的作用。无论是丰满的胸部，还是扁平的胸部都能营造出较为理想的胸部曲线，如图8-5-2所示。

③机能型胸罩：主要用于胸部丰满健硕的女性。其功能可使乳房向上集中，使其不会外扩或松散，达到美化胸部曲线的目的，如图8-5-3所示。

④长型胸罩：一般是胸罩与腰夹相连，产生一种稳固的作用，具有修饰体形的功能，适合发胖期的女性穿用，如图8-5-4所示。

⑤无缝型胸罩：这类胸罩一般分为有钢圈和无钢圈两种。其罩面和里衬无剪裁线条而一体成型，简洁整体，穿着时可根据胸部的大小来选择不同的型号，如图8-5-5所示。

另外，从胸罩的杯型面积上，又划分为全杯型胸罩、四分之三杯型胸罩、半杯型胸罩、水滴杯型胸罩四种。

胸罩在材料的选择上，一般采用钢丝和棉混纺织品。钢丝用于塑造胸罩的构架，棉混纺织品用于胸罩的罩面。在现代胸罩的设计中，高科技技术与材料的引入已越来越受到人们的重视。讲究胸罩设计的机能性、科学性和审美也成为一种趋势。例如，奥黛莉第二代胸罩采用记忆合金T弦设计，使胸部更加集中和立体。胸罩的侧面蕾丝附以透明钢纱，减去蕾丝弹性疲劳。为了照顾胸部较小的女性，特地在胸罩内加附两片可活动式软垫，而使得胸部看上去显得更加丰满、匀称。

（2）束衣：指的是那些能突出和强化女性优美的形体曲线，具有隆胸、束腰、丰臀功能的，且常常

图8-5-2 钢圈型胸罩 La Clover（兰卡文）2015春夏系列广告大片

图8-5-3 机能型胸罩

图8-5-4 长型胸罩

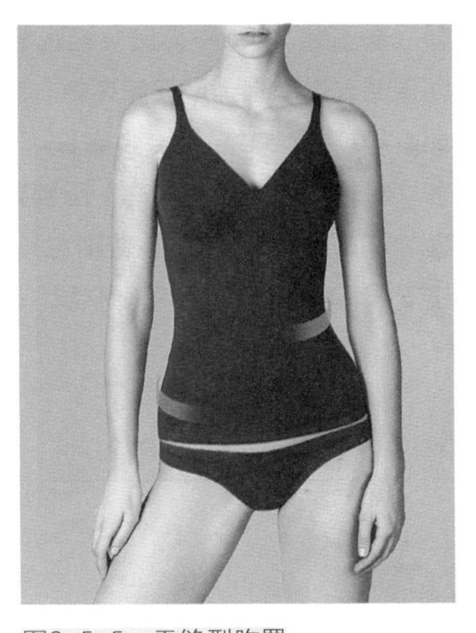

图8-5-5 无缝型胸罩

表现为胸、腰、臀连接在一起的内衣，如图8-5-6所示。一般来说，女性的身材会伴随着年龄的增长而发生变化，曾经是姣好的身段也会因岁月的流逝而变得不再自信。因此，束衣就成为生育后的年轻女性和中年女性不可缺少的内衣。另外，由于束衣对人体具有回缩性的特征，所以在材料的选择和研究方面就显得尤为重要。要选择那些既具有吸汗、透气、护肤，又具有极强回弹性、轻便、柔软、久穿不累的天然纤维的混纺织物材料。

3. 装饰内衣

指的是那些经过工艺美化，能够帮助修饰外衣取得整体造型美感的内用衣物，主要种类包括：套裙、连胸罩衫、衬裙等，如图8-5-7所示。其材料的选用，多采取丝绸织物或丝棉混纺织物等。从流行的角度来看，目前，内衣的外衣化，内衣的时装化已成为一种潮流，新颖而奇特的装饰内衣在市场上屡见不鲜。而且，其设计的风格也一改过去那种烦琐累赘的款式特点，朝着简约、高雅的造型特征迈进。

图8-5-6 束衣

三、内衣材质特性

（1）丝质（Silk）：触感、质料俱佳，不起静电，同时也吸汗、透气。唯一缺点是不好清洗，洗涤时必须用手很轻柔地搓洗或干洗。丝绒具有棉布所没有的典雅华贵，其天然滑爽感，也是莱卡所缺少的。若以法国蕾丝或瑞士刺绣与丝绒进行装饰搭配，可达到的华丽效果，其他面料很难做到。

（2）棉质（Cotton）：吸汗、透气，保暖性强，穿着感觉很舒服，易于染色和印花，适用于少女型的内衣，创造青春气息。近年制造商也喜欢将棉质和各类纤维混纺。在棉质中加入化学纤维，特别是用于调整型内衣裤，不但具有支撑的效果，而且不会闷热。使穿着感受绝不同于其他面料。此外从美感来说，平织棉布的印花效果和针织棉布的染色效果，都有一种天然淳朴和青春气息，也为其他面料所不及。

（3）尼龙（Nylon）：尼龙质料结实，不会变形，大部分文胸肩带以此做材料。

（4）氨纶（Polyurethane）：伸缩性更强，比橡胶更富弹性，常用作胸围扣带，以防身体扭动时，会有束得太紧的不适感。

（5）莱卡（Lycra）：质感似橡胶的莱卡，是产生于20世纪60年代的面料。当初发明的目的正是替代束腹紧身内衣的橡胶。因此，莱卡本身的特性就是富有弹性、舒适和具承托力，使内衣更贴身，不易走样，不易出现褶皱等。其细密、薄、滑的质感和极好的弹性，把“第二皮肤”演绎得淋漓尽致。莱卡面料的文胸、内裤、泳衣乃至袜子，其贴身的体感和抢眼的视感，都令人赞不绝口，再配以各式各样漂亮的蕾丝，可谓达到了美轮美奂的境界。

（6）新颖面料：如高棉、烧毛丝光棉、丝绢等，结构紧密，光滑如绸，手感柔软，具有弹性，色泽高雅，不缩水不褪色。高科技的弹性面料，极度光滑。丝质和革新面料以及印花棉布，成为今天设计师们面料上的首选。

图8-5-7 装饰内衣

四、内衣的设计要素

内衣设计的构思就是寻找突破口的过程，可以从宏观的角度入手，也可从具体的细节进行。可以借题发挥，也可以是客观想像。由于设计目的不同，所选择的目标角度也不同，有时设计的切入点和设计定位同时开始。内衣在造型的设计过程中，首先要立足于各类内衣的功能使用范围、应用特点，以及应具有的功能要求，然后再予以新的款式设计创作，研制开发新的产品。

第六节　针织服装设计

一、针织服装的概念

所谓针织服装指的是那些由横针织机直接织出设计所需要的衣片，然后经过套口机缝合而成的各式衣服。随着服装行业的发展和消费观念的不断更新，针织服装也越来越受到人们的喜爱，成为现代服装的一个重要组成部分。与其他服装相比，针织服装有着独具的个性与功能。其良好伸缩性和舒适性，可充分体现人体的曲线美，久穿而不易产生疲劳。既具有良好的散热性，又有较强的保暖性。同时，由于针织服装造型简练，工艺流程短、生产效率高。所以，产品的更新换代快，能及时顺应潮流的变化，能满足人们对新产品的审美渴望。特别是当今，针织服装早已走出了以内衣为主的局限性，成为服装行业中的一个新的亮点，针织服装外衣化，时装化的格局已经到来了。

二、针织服装的分类

针织服装由于自身独具的功能特点，决定了它所涉及的范围非常广泛。总体上来讲：针织服装可分为两大类。

（1）外衣类：包括各类毛衣、运动服、社交服、日常用服、游览休闲服等。

（2）内衣类：包括普通内衣、装饰内衣、练功衣等。

三、针织服装的设计要素

依据针织服装的组织特色，通过设计的原则方法，重点来表现针织服装造型简练、高雅的特色。在色彩的处理上，虽然其配制的方法与其他服装相同。但是，由于针织面料的外观有绒面，客观上减弱了色彩的明度和纯度，使色彩变得含蓄而朦胧，具有一种神秘感。因而在设计过程中，应把握这种特性，创造出色泽含蓄，沉稳的视觉效果。另外，在装饰工艺方面可选用有虚线提花和无虚线提花的方法来丰富设计的内容。同时，也可利用织纹组织结构来构成图案花纹的凹凸起伏效果。利用不同材料交替使用所产生的肌理对比，以及利用后加工和特殊的工艺处理，包括局部的饰品装饰等手法来强化针织服装造型风格，如图8–6–1所示。

四、针织服装发展的主要特点

1. 针织内衣外衣化

针织服装原是作为内衣穿着的，如棉毛衫、汗衫、背心等。20世纪70年代以后，开始生产针织品外衣，到80年代，针织服装已经与国际流行款式接轨。如青果领女式夹克衫、西装式三件套、圆摆西装等。开始只是流行两用衫一类的服装，几年之后，设计新颖的针织时装大受欢迎。80年代后期，文化衫开始风行。

随着文化衫的流行，原来属于穿在里面的一些服装，逐渐在款式上有所变化，也可以穿在外面了，如西服衬衫一改过去的贴身款式，袖、衣身都向宽松的方向发展，这样既可以作为内衣穿着，也可以作为外衣穿着。特别是女式衬衫，年年更新，每个季度都有新的流行款式推向市场。

2. 针织毛衫时装化

羊毛衫原来也是属于内衣一类的服装，如羊毛开衫、羊毛背心、羊毛套头衫等，而且色彩是以素色为主。20世纪70年代穿羊毛衫的人是少数，进入80年代以后，消费者的购买力大大提高，人们的消费观念也随之改变，羊毛衫的销量大增。生产厂家和设计师根据这一旺销的势头，在羊毛衫的款式和色彩上不断出新，外衣化、时装化的趋势越来越明显，传统的穿着方法已经不适合发展的趋势，更不适合人们追求个性的穿着，如图8-6-2所示。

作为外衣的羊毛衫根据季节、实用、方便、年龄、性别、流行款式、流行色等条件进行设计，羊毛衫开始风靡全国。时装化的羊毛衫以宽松、加长为基础，突出了外衣的特色，在制作工艺上也有很多创新，装饰方法更是五花八门，如绞花、方格、直条、提花、印花、绣花等，在色彩上有适合男女老幼的多种颜色。时装化了的羊毛衫直到20世纪80年代中期仍然流行不衰，如图8-6-3所示。

3. 户外服装多样化

随着旅游和运动等户外活动成为人们生活的一部分，户外服装的内涵越来越广泛，它成了针织服装的一个重要内容，包括运动装、运动便装、夹克衫、T恤等。运动装为人们参加运动时穿用的衣服，有易穿脱、易动作、透气性好和吸汗力强等特点。运动衣本来是为竞技场专门设计制作的，但由于世界范围内的体育活动和健身活动的蓬勃开展，各类带有运动衣造型的服装越来越为人们所喜爱。同时，生活节奏的加快、观念的更新在服装上反映为人们喜爱宽松、随和、舒适及行动方便的式样。运动服具有以上这些实用特征，很快产生

图8-6-1 针织服装

图8-6-2 时尚博主（Viktoria Rader）

图8-6-3 CHESTER BARRIELTD（切斯特·巴雷）2014秋冬针织服装

图8-6-4 CHESTER BARRIE（切斯特·巴雷）2014秋冬针织服装

了比较生活化的运动便装，其特点是短小、紧身并舒适合体。面料多采用弹性织物、针织面料。由于崇尚自然又流行全棉织物服装。色彩多采用鲜亮、明快的色调。

T恤也成为人们喜爱的样式。T恤是一种圆领、平面展开呈T形的针织套装，作为内衣或运动衣流行至今。T恤从20世纪60年代开始流行，到了70年代形成热潮，至今已成为日常便装和运动装。T恤采用柔软有弹性的针织面料，上面常饰有图案标志。

运动装的发展则日趋专业化，由原来稍微松身小巧的便装样式转为从面料到款式都很专业化的服装，而原来的老式运动装最后则大多演化成日常便装。法国著名网球明星勒内·拉·考斯特在20世纪20年代设计制造的短袖针织翻领运动衫，被称为“拉考斯特衫”，亦称鳄鱼衫，在服装的前胸上缀饰一条活泼可爱的小鳄鱼为标志而得名。现在，拉考斯特衫成为世界上流行最广泛的运动服装之一。

具有“针织女王”美称的索尼亚·里基尔以编织和针织服装闻名。索尼亚·里基尔的个性强烈，设计思想相当活跃自由，富有创新精神，设计风格比较鲜明。1968年5月，索尼亚·里基尔在巴黎塞纳河左岸开了第一家品牌店。同年，她被美国一份名为《女士日装》的出版物评为“针织女王”。她的毛线衫成为其品牌的象征。

随着社会发展，特别是近期以来服装审美倾向发生变化，人们对那些束缚身体的服装造型已感到厌倦，取而代之的是追求轻松自然、穿着舒适的服装造型，因此针织服装和其他休闲装一样，越来越受到人们的关注。当今的针织服装早已不是以内衣为主，而针织服装外衣化和时装化已是大势所趋，风格也是多样化的，有以实用为主符合流行的针织套装，也有讲究个人风格品位、突出独到设计的针织时装礼服，如8-6-4所示。

五、针织服装面料特征

针织服装面料由于靠一根纱线形成横向或纵向联系，当一向拉伸时，另一向会缩小，而且能朝各方面拉伸，伸缩性很大，弹性好。因此针织服装手感柔软，穿着时适体，能显现人体的线条起伏，又不妨碍身体的运动。针织服装面料的线圈结构能保存较多的空气量，因而透气性、吸湿性和保暖性都比较优良。但由于针织服装是线圈结构，伸缩性很大，面料尺寸稳定性不好。这些性能特征是一般针织服装所共有的，是设计师在设计任何针织服装前所必须考虑的首要因素。

针织服装是指以线圈为基本单元，按一定的组织结构排列成形的面料制成的服装。针织服装一般来说是相对于梭织服装或机织服装而言的，而梭织服装的最小组成单元则是经纱和纬纱。近年来，全球针织服装取得了非常稳步的发展，针织服装在成衣中的比例已由30%增长到如今的65%。近几年国内针织服装业也获得了迅猛的发展，各大商场服装销售区中，最引人注目的就是针织服装，其在成衣中的销售比例也达到了45%，尽管与国际水平相比还有距离，但可以看出这是一个极具发展潜力的服装门类。

针织面料是服装材料中极具个性特色的类别，在结构、性能、外观及生产方式等方面都与机织面料有很大的不同。首先，从结构来讲，针织面料不是由经向和纬向相互垂直的两个系统的纱线交织成型，而是纱线单独地构成线圈，经串套连接而成的。针织面料的结构单元是线圈，线圈套有正反面之别。从外观来看，凡正面线圈与反面线圈分属织物两面的，是单面针织物。混合出现在同一面的，则为双面针织物。根据线圈结构与相互结构的不同，针织面料可分为基本组织、变化组织和花色组织三大类别。根据线圈构成与串套的不同，又可分为纬编织物与经编织物两种。在纬编织物中，一根纱线即能形成一个线圈横列；在经编织物中，要由许多纱线才能形成一个线圈的横列。

其次，从生产方式看，针织面料的生产效率高，工艺流程短，适应性强。原料种类与花色品种繁多，各具特色的针织面料能满足不同服装的用途需要。针织面料与梭织面料相比，主要在弹性、透气性、脱散性、卷边性等方面有很大区别。针织面料的手感弹性更好，透气性更强，穿着舒适、轻便。既能勾勒出人体的线条曲线，又不妨碍身体的运动。但也伴有外观形态不够稳定的缺陷。化纤针织面料具有尺寸稳定、易洗快干和免烫等优点。

在针织服装的造型中，制约成衣档次和产品风格的重要因素在于材料的性质和性能。一般而言，用于针织服装的材料主要分为天然纤维和化学纤维两大类别。其主要的材料品种有羊毛纱、雪兰纱、“美丽奴”纱、羔羊毛纱、兔毛纱，另有天然毛纤维和化学纤维混纺纱。混纺毛纱是利用天然纤维与化学纤维混合纺纱而成，是现代针织服装常用的材料之一。混纺毛纱既有着天然毛纱的柔软和良好舒适的感觉，同时又有着很强的韧性和牢度，且价格便宜，其成衣的服用范围很大。

六、针织服装设计的风格

科学技术的发展，使大量的新型针织材料被开发出来，为针织服装设计提供了无限发展的可能性。同时，随着服装文化的进一步变革，追求轻松、自然、舒适已成为人们审美的主流。因此，针织服装在受到人们青睐的同时，以其独特的造型向外衣化和时装化发展。在针织服装的设计上，有以下主要特点。

1. 造型简洁、高雅

现代的针织服装大多是用横针织机来完成的，可以通过针数的增减、组织结构的改变和线圈密度的调节，直接织造出设计所需的衣片，然后再经过套口机缝合即成为各式成衣。这种特殊的工艺特点，决定了针织服装的简洁和概括的造型结构，而正是这种简洁性和概括性，使针织服装的设计显得更加高雅脱俗。

2. 色彩沉静、含蓄

由于针织面料的外观是绒面的，这层绒面犹如雾中观花，客观上减弱了色彩的明度和纯度，使色彩含蓄而朦胧，具有一种神秘感。因此，在针织服装的色彩配置上需要把握这种特性，充分利用色彩的配置形式及其规律，使之达到既和谐统一，又沉静、含蓄的视觉效果。

3. 装饰工艺新颖、独特

针织服装的装饰工艺一般有无虚线提花（成衣的装饰图案花纹的背后不带虚浮线，这种装饰工艺其成品的分量轻，花型自然柔美，常常用于一些高档的和轻薄的针织服装之中）和有虚线提花（成衣的装饰图案花纹背后有一些虚浮线，这种装饰工艺图案花纹较为丰满和立体，色彩上变化丰富，形式上有一定的自由度。由于是双层纱线，其成衣显得厚实，一般用于中低档的针织服装之中）。同时，可利用织纹组织结构来构成图案花纹的凹凸起伏的装饰效果。利用不同的材料组织和不同色彩的材料交替使用，造型手段有织纹变化、色彩变化、花色面料交织、织印结合及不同材质镶拼来强化针织服装的不同风格。

另外，科学技术的提高，新材料、新工艺、新机械的出现以及设计思潮的不断更新等，都促进了针织服装的发展，使针织服装更加趋向实用性和审美性并重的设计特点。

第七节　童装设计

一、童装的概念

所谓童装，主要是指幼儿和儿童穿的服装，也包括中小学生穿的学生装。童装设计所需要注意的是掌握儿童每个发育阶段的体态特征和心理特点。例如，婴幼儿时期儿童的体态基本特征是：头大、颈小、腹大、无腰。在这一时期，儿童处于生长发育最快、体态变化最大的阶段，所以此阶段童装设计以舒适、方便、美观、实惠为原则。

童装造型的设计定位因每个成长期而变动，人从出生到16岁这一阶段，根据其生理和心理特点的变化，大致可分为婴儿期、幼儿期、学龄前期、学龄期和少年期五个阶段。在设计上要求色彩搭配对性格性情要有一定的互补作用，面料选择随身体和活动的因素而定，装饰手法灵活多变。因此儿童服装个性化、时尚化、品牌化、系列化的趋势是不可避免的。

二、童装的分类

童装一般分为婴儿期童装、幼儿期童装、学龄期童装、少年装四大类。

1. 婴儿期童装

是指孩子从出生到周岁左右穿着的服装。在这一阶段，儿童体型的特点是头大身小，这时期婴儿睡眠时间较多，属于静态期，服装的作用主要是保护身体和调节体温，服装的作用类似睡衣。因此，要选择柔软、细腻、皮肤感觉好的材料，纽扣要少用或者不用，而以柔软的布带代替；款式上力求简单、宽松、穿脱方便；色彩与图案宜浅淡、雅致，要点是强调结构的合理性，如图8–7–1所示。

（1）造型：为适应宝宝的发育成长，选型要简洁、舒适、方便并有一定的宽松度，婴儿的服装一般是上下相连的长方形，须有适当的放松度。婴儿睡眠时间长，不会自行翻身不宜设计有腰接线不宜在衣裤上使用松紧带，不宜穿半胸恤，领口宽松，领高偏低。因此，打揽（用各种颜色的绣花线将布抽缩成各种有规则的图案，能起到装饰与松劲作用，通常用于袖口和前胸及腰围上）是婴儿服中最常用的装饰与造型手法。最好袖子宽大，前面开襟，裤子开裆，衣服的结构尽可能减少缉缝线以减少对皮肤的摩擦，对服装的性别区分要求相对较低，以实用性为最高要求。

（2）面料：婴儿的生理特点是缺乏体温调节能

图8-7-1　婴儿期童装

图8-7-2　婴儿服面料

力，易出汗，排泄次数多，皮肤娇嫩。因此，婴儿服的面料选择必须十分重视其卫生与保护功能。衣服应选择柔软宽松，具有良好的伸缩性、吸湿性、保暖性与透气性的织物。一般选用极为柔软的超细纤维织成的高支纱的精纺面料（纯棉、混纺）和可伸缩的高弹面料，如图8-7-2所示。

（3）色彩：以白色或粉色为主，白色可有效避免因染料过敏对婴儿的伤害，而粉色、粉黄、粉红、浅蓝更可衬得婴儿小脸娇嫩，犹如天使般纯洁可爱。

（4）装饰：婴儿的体形十分可爱，运用简单的彩绣、打缆绣、贴绣与小花、小动物、卡通、水果等图案装饰，会产生美妙的童稚情趣。装饰要尽量简单，避免影响舒适。

2. 幼儿期童装

幼儿期是指1~3岁。在这段时期里，儿童身长与体重增长较快，身高约75~100厘米，身高为4~4.5个头长。体型特点是头大、颈短、肩窄、四肢短、挺腰、凸肚。在这一时期，孩子发育成长速度最快，并且开始做行走、跑、跳、投掷等各种动作。对事物的认识能力、思维能力也在明显提高。这时的童装，除起到保护身体和调节体温的作用之外，还起到使儿童认识事物的启蒙教育作用。所以幼儿期的服装式样要求灵巧、活泼、多样。服装结构也不宜过分复杂，以穿着宽松、脱换方便为佳。因此，宜选用柔软、坚固、朴实的材料来制作服装。款式除了宽松、轻便以适应孩子活动的需要之外，还应力求活泼大方。另外，把孩子们喜爱的、熟悉的动植物或者故事里的主人公等，用夸张、抽象、喻义的方法进行再创造，使它人格化，个性化，童稚化。并把它们恰到好处的运用到孩子们的服装上，如前胸、口袋、膝盖、后背等部位，不仅能起到美化服装的作用，还能唤起孩子们热爱生活的热情，达到启迪智慧，陶冶情操，培养健康审美情趣的目的。

4~6岁为儿童的学龄前期。在这段时期里，儿童发育成长速度较快，一年约增长6厘米，身高比例大约是5~5.5个头长。同时孩子的智力、体力发展也很迅速，已能自如地跑跳，并具一定的语言表达能力。由于孩子已开始在幼儿园接受教育，生活逐渐自理，还能较快地吸收外界信息，对新鲜事物充满了好奇与渴望。表现在穿着上，对各种色彩鲜艳、视觉冲击力强的图案与造型表现出极大的兴趣与好感。男孩与女孩在性格与爱好上已有差异。服装以这个时期的款式造型变化为最多，且最能体现各种童趣。幼儿期与学龄前期服装在设计上大致相同，这个期间服装设计最丰富多彩，如图8-7-3所示。

（1）造型：幼儿服装设计应着重考虑形体，以方形、A字形为宜，结构要考虑实用功能，多设计正前方位全开合的扣条方法，以训练幼儿学习穿衣。幼儿期的童装设计应着重于形体造型，尽可能少地使用

图8-7-3　幼儿期童装 Rachel Riley（雷切尔·赖利）2014童装

腰线。而连衣裙、吊带裤、裙式背心裤的设计既要便于活动又要考虑到不易滑落。同时，幼儿服的结构应考虑其实用功能。为训练幼儿学习自己穿脱衣服，门襟开合的位置与尺寸需合理。按常规多数设计在正前方位置，并使用全开合的扣系方法。幼儿的颈短，不宜在领口上设计烦琐的领型和装饰复杂的花边，领子应平坦而柔软。春、秋、冬季使用小圆领、方领、圆盘领等关门领，夏季可用敞开的V字领和大、小圆领，有硬领的立领不宜使用。为了服用的方便，还可以将外套设计为可两面穿，还可以配有可拆卸衣领。幼儿的天性使他们对口袋的需要和喜爱非常强烈如花、叶、动物、字等形状用贴袋式出现更能丰富童装的趣味。

（2）面料：夏天可选用吸湿性强、透气性好的泡泡对条格布、色布、麻纱布，尤其是各类高支纱的针织面料（如纯棉、麻棉混纺、丝棉混纺等），更具有柔软、吸湿、舒适的服用效果。秋冬宜采用保暖性好的针织面料，全棉或精选棉混纺均可。而这个年龄层的儿童通常有随地坐、随处蹭的习惯，所以关键部位可选用涤卡、斜纹布、灯芯绒作不同面料的拼接组合，也能产生十分有趣的设计效果。

（3）色彩：采用鲜亮而活泼的对比色、纯净的三原色或粉色系列更能表现幼儿服的天真可爱，色彩的拼接、间隔或碎花面料做图案等都能产生很好的色彩效果。

（4）装饰：幼儿服装饰设计的图案以仿生为主要形式，如人物类、动物类、花草类、文字类等，多取材于神话和动画。背包袋的小动物头型在服装上的运用也是很普遍的。这既丰富了童装设计的天地也给孩子们创造了一个想像的空间，如图8-7-4所示。

图8-7-4　幼儿服装饰

3. 学龄装

学龄儿童也称小学生阶段。这时期的儿童7~12岁，身高约115~145厘米，身高比例约5.5~6个头长，肩、胸、腰、臀已逐渐变化：男童的肩比女童的肩宽，女童的腰比男童的腰细，女童此时的身高普遍高于男童。这一时期，孩子的身体逐渐长得结实，颈部渐长、肩部渐宽、腹部渐平、腰节也逐渐明显起来。而且孩子的运动机能和智力机能也开始发达起来。是逐渐脱离幼稚，从不定型趋向定型的个性发展时期。

学龄期儿童已开始过以学校为中心的集体生活，也是孩子运动机能和智能发展较为显著的时期。孩子逐渐脱离了幼稚感，有一定的想象力和判断力，但尚未形成独立的观点。服装以简洁的各类单品的组合搭配为主。男孩子与女孩子的体态、性格也开始有了明显的差异。生活环境从以家庭为中心转变为以学校为中心。因此，这个时期的服装也应当从童稚逐渐走向成熟，以便适应孩子身心发展的需要。服装的材料仍以坚牢、朴实为宜，服装的式样应既活泼又端庄，既美丽又大方，如夹克衫、背带裙、运动衫等。女孩子的裙长一般到膝盖部位，多用柔和的曲线造型。男孩子则多用直线，以显示男孩子的坚强和刚毅。有条件的地方，最好让入学后的孩子穿统一的学生服。总之，这个时期的服装应有利于孩子的个性发展，有利于培养孩子们的集体主义观念和文明礼貌建设的需要，如图8-7-5所示。

图8-7-5　Bonpoint（小樱桃）2015春夏童装

（1）造型：校服是这个年龄段的主要服装。校服设计要有标志性和运动性，款式最好可调节和组合。女童偏爱花边、蝴蝶结、飘带等繁多细小的装饰及泡泡袖、蓬蓬裙、A字裙等服装款式，体型也开始发育，在日常服设计之中可选用X型。男童则喜欢简洁明了的服装款式，如T恤、背心、夹克、运动裤等，装饰物件也以拉链、铜扣为主，宜用H型设计运动服，并尽可能多设计单体可组合的休闲装，满足心理与功能的需要。这一时期童装最典型的特点是服装的功能性、美观性的结合。

（2）面料：这个时期的服装择料范围较广，仍以价格较低为标准。

面料要求质地轻、牢、去污容易，耐磨易洗。如春夏季的纯棉织物T恤、运动套衫而秋冬季以灯芯绒、粗花呢、厚针织料等为主。由绒线或膨体毛线织成的各式毛衫。安全因素，也是为这个年龄段孩子设计服装时需作考虑的重要因素之一。设计时可在童装上选用具有反光条纹的安全布料。具防火功能的面料也可选择使用。一些较为时尚、新颖的服装材质，如加莱卡的防雨面料、加荧光涂层的针织类面料等，不仅极大地美化了这个年龄段的孩子，也充分满足了孩子追求新奇的心理要求。

（3）色彩：这时期的男、女童在兴趣、爱好、习惯上也产生了极为明显的差异，反映在服装上，对色彩、图案、款型的取舍也有明显不同。如：女童偏爱红色、粉色等暖亮色系，而男童偏爱黑、灰、蓝、绿等冷灰色系。校服颜色稍偏冷，色彩搭配要朴素大方。日常服则可活泼、鲜艳。

（4）装饰：学龄装的装饰多强化标志的设计，生活装的装饰应注意考虑该年龄段的特性，或花边刺绣，或图案纹样，或色块拼接，都能满足这个年龄段孩子追求新奇的心理，起到美化心灵的作用，如8-7-6所示。

图8-7-6 Bonpoint（小樱桃）2015春夏Yam系列秀场

4. 少年装

少年期是指13~17岁的儿童，这个时期的儿童体型已逐渐发育完善，尤其是到高中以后，一般孩子的体型已接近成年人。男孩的肩越来越宽，显得臀部较小。而女孩则体现出显著的女性特点。这时的孩子逐步接近成年人，有一定审美意识，懂得不同的场合服装的适合性。尤其是这阶段少年儿童服装的功能类型分得极为细致，如内衣、外衣、运动衫等。

（1）造型：该年龄段的服装除了学生装外，生活装既有童装特殊的美感，也有成年人流行的特点。女孩的造型要可爱纯真，可用A型、T型、X型、H型，以能体现女学生娟秀的身姿和活泼性情的服装为主，如各类少女服装如背心裙、运动时装、网球裙等。男孩的特点是朝气蓬勃，男装则通常以各类休闲衫与休闲裤的组合为主，其中，各个品牌的运动装是男孩子们最喜爱的服装模式。

（2）面料：这阶段服装的各种面料的混合运用极为普遍，但日常生活服仍以棉、麻、毛、丝等天然纤维或与化学纤维混纺的面料为主。

（3）色彩：色彩所表达的语言和涵义要适合他们，少年装主要表达积极向上、健康活泼的精神面貌。

（4）装饰：这一时期的装饰手法较以往更为多样，除常用的花边、抽裙、荷叶边、蝴蝶结等，各种上下呼应的系列装饰手法，也能极好地起到装饰作用，如镶边、明线装饰、双线装饰、嵌线袋使用、贴袋使用等。在出席正式场合上，珍珠、水钻、金银丝刺绣等高档材料也被使用，如图8-7-7所示。

三、童装的设计要素

童装设计应根据儿童们不同的发育成长期来设计适合于他们各个时期的服装款式。除了要考虑服装的实用功能外，更多的还应通过美化的手段来赋予童装更多的审美属性，以更好的表现儿童们天真烂漫的稚气。

童装系列设计，主要是在应用等质类似性原理基

图8-7-7　少年装

图8-7-8 Rachel Riley（瑞秋·瑞莉）2014秋季童装

础上，把握统一与变化的规律。首先，童装统一的要素，如轮廓、造型或分部细节，面料色彩或材质肌理，结构形态或披挂方式，图案纹样或文字标志，装饰附件或装饰工艺，单个或多个在系列中反复出现，就造成系列的某种内在的逻辑联系，使系列具有整体的“系列感”。统一性的运用越多，对视觉心理冲击越强烈，如图8-7-8所示。

其次，系列中应有大小、长短、疏密、强弱、正反等形式的变化，使款式的单体相互不雷同，也就是使每个单体有鲜明的个性。童装的统一要素在系列中出现越多，其统一性的联系越强，能够产生视觉心理感应上的连续性，增强服装带给人们的视觉冲击力。童装的造型、材质、色彩、装饰，乃至情调和风格，依据统一变化的规律来协调好各要素，会产生出以统一为主旋律的童装系列，或以变化为基调的童装系列。

1. 结合国际流行趋势，作各类高级时装设计练习一组。（四开纸，彩色效果图4张）
2. 以某行业为对象设计制服一组，20款。（四开纸，彩色效果图20张）
3. 根据不同对象设计各类礼服一组，10款。（四开纸，彩色效果图10张）
4. 选择几种便装作系列设计5组。（二开纸，彩色效果图5张）
5. 内衣设计练习10款。（四开纸，彩色效果图10张）
6. 针织服装设计3组。（二开纸，彩色效果图3张）
7. 童装设计1系列5款，制作成衣。

第九章
企业成衣设计

第一节　成衣企业分类

一、成衣的认识

成衣（Apparel：Ready-to-wear）从英文的意义看来，含有预先缝制完成的衣服的意思。而成衣按汉语字面上的解释是：现成的衣服。

1. 成衣设计的特点

（1）衣服的尺寸并非是为某一个人量身制作，而是根据某一群体，统计出合理的系列尺寸、规格来制作。

（2）由于成衣的生产方式是为了适应某一广大的群体，因此，生产模式与产品规格均有一定的依据，所以当属工业产品的一环。

（3）成衣设计大都按其款式，有适当的洗烫标志。另外，成衣既是工业产品，自有其独立的商标使消费者一目了然，即能了解其概况。成衣的标识，通常包括有用料成分、尺码、价格等。

（4）成衣设计必须具备的几点特殊意义。①品质规格化；②生产机械化；③产量速度化；④价格合理化；⑤式样大众化。

成衣设计是针对市场需求，为所服务的企业进行产品的设想、策划、预算、试制，目的是让所设计的新样板可以投入批量生产及投放市场，并得到消费者的认同和喜爱，从而为企业创造效益，如图9-1-1所示。成衣设计还是服务性工作，是设计师实现自我价值的基本途径，就是用自己的设计为企业、为广大消费者服务，并通过服务得到报酬、信任和尊重，得到自我完善的条件和再服务的机会。

因此，成衣设计必须满足人们的生理需求和心理需求，生理需求来源于人类的本能，例如对服装材料的选择是否合适、省道的设计是否符合人体工程等。背离了人的生理需求的设计产品不能称为成衣设计，充其量只能算是服装创作，作为一种展示的功能而存在。成衣设计还要理顺商品定位与流行的关系。服装业是一个日新月异、千姿百态的行业，把握流行的趋势和把握企业的产品定位也是设计的关键。其设计既要符合流行的趋势又不盲目追随。既要把握产品定位又不被原来的产品定位所束缚。充分把握好各方面的“度”设计出来的产品才能受到消费者的欢迎。

2. 成衣的分类

成衣若由裁剪方式来分，可分为以下两种类别。

（1）毛衣（Knit wear）。

（2）裁剪和缝制的成衣（Cut and Sewn Garment）。

目前，一般所谓的成衣已将毛衣排除在外，毛衣

图9-1-1 Dior（迪奥）2014秋冬高级成衣时装发布秀

自成一体。总之，成衣是大众的衣服。

3. 成衣的发展

在距今约100年前，美国胜家缝纫机开始供应家庭主妇的那个年代，缝制衣物在家务劳动中是一项很沉重的负担。当初的缝纫机对于一个妇女来说，只不过可以使人比较轻松的做更多的衣物罢了，并未带来如何重大的改变。可自从缝纫机被搬进了工厂，开始制作男子服装和内衣之类的成衣以后，情况就大不一样了。由于到处可以买到成衣，针线活儿就不再属于家务事了。于是妇女们有了空闲的时间，得以松一口气。美国妇女打发空闲的时间，可分为两种：其一，适应社会需要，出外谋职，收入足以使她们的生活自立，但缝制自己衣服的时间却大大地减少，于是转而求助于成衣的供给，而且有足够的经济能力去购买。成衣和就业可以说是相辅相成的，并且大大改善了妇女的生活方式。其二，妇女醉心于阅读，把时间用在深厚的身心教养上，有助于提高女权。美国小说家斯陀夫人著的《黑奴吁天录》一书，引起了黑奴的解放运动，导致了南北战争，它的原动力却是由妇女推动的。此外，禁酒运动也是借女人之手，经过长期的奋斗，才使禁酒法案终于在国会通过。女子得以继续跟男子分庭抗礼，应归功于成衣的出现和取得的成就。今日以成衣为中心的有关服饰工业，被列为美国的4大工业之一荣登全世界成衣业的首位，产品销售国内外。工业的规模庞大、产品的种类繁多，定价有高达数百美元的高级品，也有仅值1美元的廉价短衫和长衫之类。

4. 成衣对生活的影响

成衣影响了妇女的生活方式，同时，由于生活方式的改变，也反过来使成衣，甚至是使一切服饰都发生了改变。由于妇女在社会上工作，需要有适合工作的服装，所以就出现了上班服、工作服等，这是服装改革的开端。成衣把以往的服装概念从根本上推翻了。

从前的服装是以阶级作为中心的，尤其在欧洲，从一个人的衣着，即可以识别其阶级和身份。而且法律明文规定了颜色和质料的穿着，如违反了将处以重罚。1770年，成衣首先由巴黎一家裁缝店始创，距今有两百多年了。但把缝纫机搬进工厂并开始大量生产成衣的却是德国。然而，成衣在欧洲市场并不乐观，因为阶级观念把人们分成了好几个集团，成衣无法开拓大量生产的途径。

有人认为，从前服装表现的是阶级，现在的成衣却表现着机能性。换句话讲，衣服从阶级之分，转变为机能之分。从前选择服装式样，是以头衔和身份作为前提的。进入成衣时代后，则以穿着者的个性作为选择式样的中心。这样的变化，由较欧洲更加自由的美国开始绝非事出偶然。今日的服装力求机能性，乃是大势所趋。为了因成衣而改变了生活环境的妇女们的需求。于是出现了大量富于机能性的服装，可以说是琳琅满目。

二、成衣产品的特点

成衣的出现从缝纫机的发明以及纸样的出现（1851–1863）开始。而随着妇女在社会上工作的机会越来越多，现代生活的层面越来越丰富，需要有适应工作和生活的各种服装，从而加大了对服装的购买力，促进了成衣的发展。成衣与量身定做相比有以下优点。

首先，服装是根据对众多人体数据的调查、统计归纳出来的系列号型，覆盖面相当广，除特殊体型需要单独做外，一般体型都可以买到。其次，成衣有多个标识，如面料成分标识、号型标识、洗涤标识及价格的标识，这些标识便于顾客在选择服装时更全面地了解要购买的这件服装的具体特点。

1. 产品规格化

即产品的号型均来自于国家号型标准。我国的号型标准把人体分为四类，即Y型、A型、B型和C型，顾客可根据自己的体型和身高挑选服装。目前市场上还有各种各样的型号和规格标志的服装，这些服装多为进出口服装或独资、合资服装企业生产的外销服装或仿制品。

2. 成衣生产均采用机械化

成衣厂家必备各种现代化的服装机械设备。生产机械化会使产量大幅度提高，产品质量标准也更加统一规范。产量和质量的提高，使服装的成本也随之下降，而零售价格不高，会得到更大的消费市场。

3. 款式大众化

成衣是批量生产的，设计师要考虑大多数人的审美心理、消费心理及对流行的接受程度，款式设计不能过于新潮和个性化，不能只有几个人欣赏。

三、成衣设计的定位及原则要求

成衣设计是一项必须全身心投入的工作，成功的设计师必须有工作热情，多思考设计工作中出现的问题，时刻留意自己工作领域中的每个细节，如流行趋势的动向、流行色变化规律的分析、友邻品牌的设计特点、成衣效果的表现、成衣制作工艺等。成功的成衣设计师必须具有一定的设计理论和设计经验，这是一个长期积累的过程。设计师面对客户和消费市场寻找一个个性与市场的平衡点，只有熟悉成衣开发制作的每一环节，才可以在设计中做到游刃有余，产生设计的爆发点，出现爆发点是设计师成熟的标志。

1. 成衣设计定位

成衣设计的第一步是确立企业的设计定位。制定准确的设计目标非常重要，有这样一句话：制定准确的设计目标等于完成了百分之五十以上的设计任务。忽视制定设计目标，就容易导致设计失败，甚至丧失到手的设计任务。在设计实践中，甲方选择设计师与设计方案，肯定有它内定的设计目标。在选择过程中，它要考察你的设计水平和市场观察力，同时考察你制定的设计目标是否与它预定的相吻合，或者比它预想的更胜一筹。

设计者一定要依靠自己坚实的理论知识、丰富的实践经验、敏锐的观察能力，到实际中去调查研究，和相关的人多交流探讨，对相关的事（销售情况、产品特点、工艺流程、加工设备等）追问到底，向各方面的专家及实践经验丰富的技师、工人、售货员、顾客等请教。与此同时，还要查阅相近及相关的设计资料和相关情报等，才能制定出准确的设计目标。

在摸清情况的基础上，立即分析整理出该企业的设计定位和方案目标。在这个基础上，以建议和商讨的方式向甲方提出设计目标，以及实现目标的计划和主要措施，以期在共同商量探讨的过程中，使甲方接受设计目标，并把设计目标、实施计划与主要措施修订得更准确、更实际、更完善。

在为服装企业设计服装之前，必须明确该企业的产品定位，定位内容包括以下几个方面。

（1）产品的档次价位：高档的、中高档的、中档的、中低档的……产品的档次决定了面料、辅料的选择。

（2）消费群的性别、年龄跨度：男装、女装、童装、少男少女装、青年装、中青年装、中老年装等。

（3）消费群的性格气质：活泼、文静、富贵、高雅、张扬、内秀……

（4）穿着场合：职业服、运动服、休闲服、礼服、居家服等。

（5）销售地点：南方、北方、城市、农村、内销、外销等。

（6）产品种类：梭织、针织、毛织、牛仔等。

企业产品定位主要取决于市场需求和企业综合能力并随着市场和企业能力的变化而不断调整。

2．成衣设计的原则要求共包含四个方面

（1）款式要求：成衣的款式要求应做到以下几点。

① 线条要简洁，明朗，悦目。但简洁而不单调，明朗而不夸张，悦目而不牵强。

② 适应市场需求，特别应满足当地人士的需求，适合当地人的体型特征。

③ 设计的裁剪方法要符合大批量生产的经济原则。

（2）生产要求：成衣的生产要求应做到以下几点。

① 设计的成衣要尽量节省布料和手工，设计的线型不应浪费大幅的衣料，更不能因增加少量的美观效果而浪费衣料。

② 尺码方面，要做到设计的款式在制造不同的大小尺码时，不会引起太大的困难。

（3）商业要求：款式设计要商业化。也就是说，成衣的款式和销售都应满足大多数人的需求，才能获得良好的销路。为了实现这一原则，作为设计师必须对前面所述的两项，即对款式要求和生产要求加以足够的重视。

（4）潮流要求：结合潮流，是成衣设计的一大关键。对于时间和潮流的掌握，可以说是决定成衣设计和生产成败的主要因素。当一种款式和潮流已经定型后，才跟随它去设计生产就太迟了。一家具有影响力的时装公司决定一种潮流之后，在未公布前，已经对庞大的生产作了充分的准备。生产出来的服装就是下一季将要流行的潮流款式。在法国，每一家大的时装公司都具有其代表性的潮流路线。今年冬季流行款式在去年冬天已经着手设计了，而在今年夏秋之际便定型投入大量的生产。

今天，潮流和款式流行这些名词时常出现在我们的言谈话语中。那么，究竟潮流与服装设计是怎样的关系呢？时装的“时”包含了潮流在内、美好的款式设计，必须能表现美妙的风度和秀丽的姿态。设计必须适合时令，顺应潮流。因为服装的美丽除了要满足自己的爱好之外，还要看外界如何对此进行评价。而流行的服装具有时髦，易惹人注目，吸引他人目光的魅力。因而使穿着者觉得愉快、兴奋。这种心理引发了人们潜在内心的优越感，也成为影响潮流的重要因素之一。穿上新颖的衣服，在外观上产生美的变化。这种爱美的心理与人类喜新厌旧的倾向和深受潮流的影响，再加上外来的诱惑，逐渐达到了流行的目的。

第二节　成衣产品设计方案

一、收集信息和确定成衣预案

流行信息是使成衣把握市场命脉的重要资源。明确了设计定位目标后，收集信息、把握市场的流行动向是重要的一步。缺少流行信息的设计就难以把握流行的全貌，因而设计也难以为消费者所喜爱。随着社会的发展与进步，我国的消费队伍正在成熟，消费者的生活不但变得多样化和个性化，而且对时尚的兴趣也越来越浓，服装的更新节奏也越来越快，选择的眼光也越来越高。这是“选择时代”给予我们的挑战。因此，从市场动向着手，对流行信息进行收集和整理是学习成衣设计的重要内容。

1. 流行信息

在当今这个被称为“信息爆炸”的时代，许多信息属于“垃圾信息”，因此流行信息来源的权威性、领先性非常重要，否则不仅谈不上流行信息，而且容易误导设计。获取流行信息的渠道主要有以下几种。

（1）流行市场：流行市场是获取流行实物信息的主要渠道。所有的文字、图片或图像信息毕竟是平面的，直观性和真实性较差，而从流行市场上得到的流行信息不仅手摸身穿真实可靠而且能真实地反映当地消费的倾向。因此设计师要根据自己的设计目标分析相应的流行市场。值得注意的是不要盲目被动地跟随流行，而要有前瞻性。

（2）电视：不少电视台开设专门的流行频道。在其提供的流行信息类和生活服务类的节目中我们可获得不少信息甚至从具有影响力的公众人物和有关国际事件中都可以捕捉到需要的信息。

（3）出版物：相关的报纸、杂志仍然是服装产业的主要信息来源。其阅读的方便性、信息的丰富性使其成为比较传统和主要的流行信息来源。不少企业用各种方式购买进口图书以获得较新的信息。

（4）互联网：互联网是获取流行信息最快捷最简便的信息渠道，世界各国的流行网站和品牌公司的流行网都提供了大量的流行信息。

2. 相关信息调查

市场调研是成衣设计的重要环节，它是指运用一定的科学方法把握和分析市场营销的相关内容，为成衣的设计和市场营销决策提供直接的依据。市场调研包括：

（1）经营环境调研：经营环境主要指政法、经济、文化、自然等环境因素。如国家纺织服装业发展的方针，国家有关的法规、政策；目标市场的人口特征、人口素质、宗教信仰、价值观念、风俗习惯、不同的地理位置分布、气候特点、交通运输状况等。

（2）消费市场调研：包括服装市场需求量的调查、消费结构和消费行为的调查。市场需求量的大小直接取决于目标地区消费者的收入水平和人口数量、人口构成以及消费心理、文化程度、购买习惯等。

（3）产品调研：对服装产品的调查主要包括产品的核心内容、品牌、包装、生命周期、价格等方面，主要是要了解消费者对产品性能、品种、规格、质量、花色、品牌、包装、服务等的要求和偏好。

（4）竞争状况调研：主要调查竞争对手的数目、实力、产品、经营活动等。

（5）销售渠道调研：调查有关中间商的销售额、潜在的销售量、经营力、地区市场占有率、信誉水平等。

（6）促销活动调研：服装产品的促销活动主要包括广告宣传、公关活动、现场演示、有奖销售、折价销售等一系列活动。

3. 信息整理

在现代成衣设计中，掌握流行信息是至关重要的。成衣的信息主要是指有关的国际和国内最新的流行倾向与趋势。信息分为文字信息和形象信息两种形式。信息与资料的区别在于前者侧重于还未发生的、超前性的有关内容，而后者侧重于已经发生的、历史

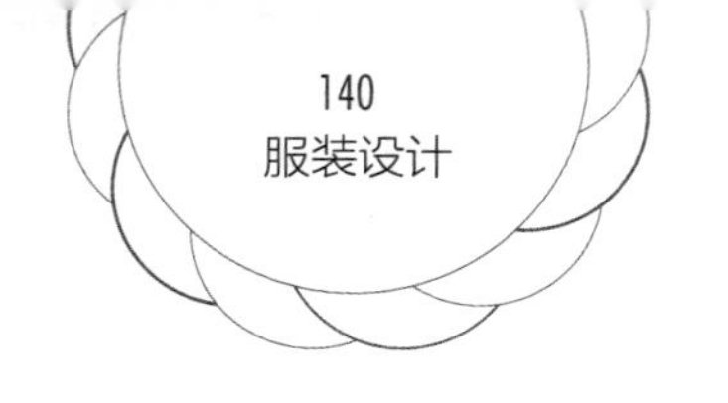

性的相关内容。对于信息的掌握不只限于专业的和单方面的，而是多角度、多方位的，与服装、服饰有关的内容都应包括其中，如最新的科技成果、最新的文化动态、最新的艺术思潮、最新的流行色彩，最新的纺织材料及纺织机械等。

进入“信息时代”整个社会充斥着信息资源但并非所有的信息都是有用的，我们有必要对获得的信息进行整理。信息整理是指将获取的信息进行过滤、筛选、提炼的过程，同时还包括对收集到的信息和资料进行分析、归纳和推估以预测市场可能流行的趋势。在信息整理时要分清直接利用信息、间接利用信息和不可利用信息。同时，应注意信息来源的途径和渠道，使信息更加直接快捷和有价值。

二、成衣设计构思方法

1. 从整体到局部

即从一个抽象的概念和要求出发先有一个整体的设想然后使这个设想逐步具体化。如设计时尚休闲装在体现休闲装舒适自然的前提下需要更多注入“时尚”元素，因此在造型上、色彩上、面料上、图案上以及装饰手法上，都要体现“时尚”“前卫”，再具体到衣服的每个细部的造型、配色等处理，如门襟的开扣方式、口袋的形状位置、绣花的部位和配色等。

2. 从局部到整体

指在没有一个整体的设想和轮廓时受某一个新颖的形状、别致的面料、绝妙的配色或某种新的工艺技巧手法的刺激和启发，组合其他要素，考虑其统一和协调的关系，最后形成一个整体的设计方案。如受传统钩花的启发，将钩织的花案与现代的面料拼合在一起加上流行的轮廓造型和配色组合出的服装。

3. 借鉴他人的作品进行创新

设计是一种创造性的活动，不能照搬和抄袭，也不可凭空臆造，要善于借鉴前人的成果进行创新，在借鉴时有下面几种思考方法。

（1）把事物的状态和特征推到极限，按下列方式进行想像：大—小，长—短，粗—细，厚—薄，胖—瘦，硬—软，宽—窄……

（2）将事物的状态和特征按重叠、组合、变换、移动、分解等方式想像，把事物放在相反的位置进行思考如：上—下，左—右，男用—女用，高档—低档，表面—里面，前面—后面……

（3）把某事物进行变更，如变换材质，变换加工方法，变换局部，变换顺序。

（4）设计出一种款式后，即顺着这个思路一直想下去，把所有的可能性尽量都罗列出来，然后进行比较、选择和淘汰，这也是形成系列设计的一种好方法。

完整的设计稿包含设计效果图、正面与背面款式图、细部表现、文字说明和结构图，成衣造型不能离开人体的基本特征。面料的选择也是成衣设计非常重要的一个环节，现在除了传统的纺织品、针织品外，各式各样的新型材料也被广泛的利用，根据面料的个性风格、实用性能去整体表现成衣设计的风格定位。

三、实施成衣设计方案

成衣设计与其他艺术设计门类一样，需通过工业手段以产品的形式出现，最后通过市场流通体系，使之穿在消费者身上才是设计的最终完成。因此，在成衣设计的整个过程中，一方面是对服装造型本身各种要素的深入细致的构思和筹划，另一方面是对其相关的多种直接和间接的因素进行系统的研究，诸如成衣服装服饰（包括款式、色彩、面料、辅料等）流行趋势、国内市场现状、服装营略、服装消费者的审美观念等。

成衣设计的设计视野和设计方法必须是建立在市场调研和准确把握信息、充分了解消费者的精神需求和物质需求之上的。同时，还需要根据行业的特点和实际条件，找准设计与需求之间的融会点（即设计定位），掌握一整套科学而有效的设计程序。总而言之，成衣设计是实践性、操作性很强的专业活动。对于不同的成衣设计项目、条件和要求，其方法可能不同，这需要成衣设计者根据实际情况而确定，选择和加以

变化，甚至需要创新。

成衣设计程序是设计实施的一个过程，每一个设计都有自己的过程即程序。成衣设计与服装设计方法又有一定的互为关系，设计程序往往与一定的成衣设计方法相适应。在计算机作为辅助设计手段后，一般的专业设计的程序可以分为五个阶段：①获取设计阶段；②创造性设计阶段；③参数决策阶段；④显示、记录设计对象阶段；⑤综合评价阶段。一般设计程序有很大的适应性，可以应用于产品设计之中。成衣产品设计程序可以说是一般设计程序在成衣产品设计中运用的具体化和细化。

根据公司的设计定位和市场的流行预测，对各个要素进行组合和延伸，并将设想的方案尽可能多地画出草图然后选择并进一步完善最后调整至正稿。好的成衣设计应该满足以下条件。

1. 合理性

设计出来的成衣必须合乎功能及结构的要求并且不能对人体的安全性造成不良影响。

2. 经济性

以最低的成本创造最大的利润，以最小的消费实现最大效果，尽可能节省材料费、人事费并有效地利用生产时间。

3. 审美性

美取决于多数人共同的审美观与价值认定。成衣设计除了展现设计师的审美观外，应符合流行趋势以及消费者对美的要求。

4. 独创性

成衣设计是同时展现实用功能与人们对美的“感性”要求的创作，因此应以艺术美为基础创造出独立与创新的设计。

第三节　成衣商品转化过程

一、成衣的产制过程

目前，国内大多数生产企业均按以下模式进行产品的生产，其流程如图9-3-1所示。

成衣产品的成功取决于服装从产品设计决策到成品销售的各个环节的成功。工艺实现是将服装设计变成成衣的关键环节之一，具体内容包括以下两个方面。

1. 基础工业纸样设计

纸样设计要考虑目标消费者的体形特征和着装习惯，并按国家规定的号型标准来选择尺寸，同时还要兼顾面料的缩水性、热缩性、伸展性等物理特性。

2. 制作样衣

样衣是供商业部门订购的样品，通过它可以直观地评估成衣的艺术构思、工艺水平及效果、面料与辅料的选用以及价格的高低。因此样衣制作既是对成衣设计立体效果的检验，也是对成衣设计的合理性的进一步完善，同时为下一步工艺生产提供标准和依据。

在服装加工企业（如外单服装厂）的样衣是根据

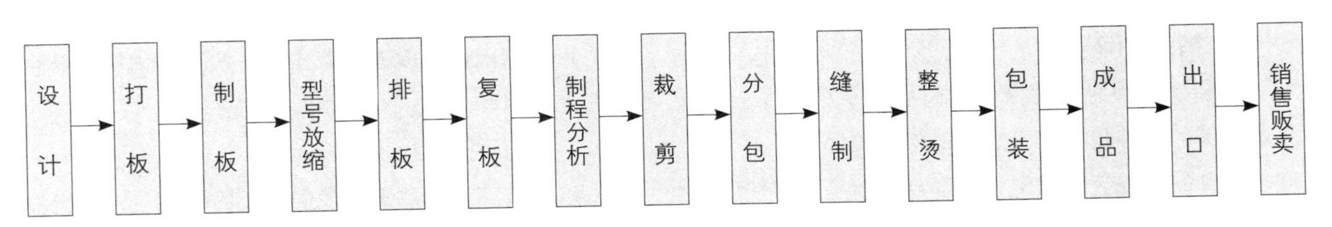

图9-3-1　成衣生产流程图

客户提供的样衣和订单的规格、尺寸要求而制作成的生产样衣。批量生产时工业样衣成为检验产品质量的依据，因此，工业样衣制成后，必须经客户确认，方可投入生产。

样衣在试制过程中需要注意以下问题：布料的缩率在确定样衣的样板尺寸时必须将面料、里料、衬料的缩水率计算在内，以保证服装成品的规格与样衣的一致。大批量生产的服装需要简化某些结构以便提高生产效率保证质量。而且合理的服装结构和工艺流程、严格的工艺单在生产中还具有保证产品规范的作用。样衣试制中还需包括机械设备的选用，如褶皱装饰的定型工艺设备。将制作完成后的样衣进行试穿并讨论修改部位后对原基础纸样作进一步调整，最后按标准规格档差进行推板放码，制定出系列的工业样板。部分成衣材料的后整理对成衣外观和风格起着决定性的作用，设计师需了解材料后整理的生产流程。常用的材料后整理主要有：柔软整理、涂层整理、树脂整理、防缩整理、防皱整理（形状记忆整理）、仿旧整理〔水洗、酶整理、砂洗、褶皱整理、起绒整理（起毛、磨毛、植绒）、桃皮绒整理、烂花、光泽整理、石磨和酶磨洗〕。这是一个用微电脑控制的、快速而多用途的款式设计与配色系统、自动推挡排料系统和电脑自动裁剪系统。整套系统包括草图绘制、服装款式设计和色彩搭配组合等取代了以往的草稿纸和铅笔效果图，使设计工作能迅速、准确而又简便地进行。设计师利用显像屏幕、光笔和数据图形输入板，可以绘制设计草图和结构图。现在国内外已开发了多种服装CAD软件，它已成为现代成衣设计的极好助手，也是迈向成衣生产自动化关键性的一步。

二、成衣商品的推出

成衣商品的推出主要涉及以下三个方面。

1. 销售时间

服装是一种时效性极强的商品，季节时令一过，原本旺销的服装也变成了滞销的库存，等到下一个季度，也只能是降级、降价为处理品。但是，即使所有的新品早已全部到位，也不能一下子全部推向市场，而应该循序渐进，按照季节、气候的变化，按顺序逐步推出。

几乎所有品牌成衣的商品企划通常都将所要推出的成衣分为春夏季和秋冬季两大类，再在这两个时段中细分出各个品种的推出时间。习惯上，大部分男装或运动装品牌多采用“半月制”，即每两三周推出一部分新款。而大部分时尚女装和休闲装品牌则采用周日制，即每一周或十天推出一部分新款。也有采用“季度制”的，即一两个月以上推出部分新款，这些大多为单品型品牌，如羽绒服、内衣类产品等。

2. 销售地点

选择适合的销售地点对一个品牌而言是至关重要的。所谓适合的销售地点的标准有以下几点。

首先，所选销售地点的场租等费用在商品总成本内是否可以接受。

其次，所选择的销售地点是否是品牌定位的目标消费群出现频率最高的地方。

再次，该地点能否将你的商品完美地展现在你所定位的消费者面前。此外，还有一些与此有关的可变因素也应考虑到，如承租期内是否会遇到商区改造、道路拓宽、房屋拆迁等影响商品销售事件的发生。

3. 销售方式

品牌的销售方式因地域不同而有所差异，这主要是不同地域人们的消费习惯所致。就现今而言，一般华南地区的人们倾向于专卖店，而华东、华北等地区的消费者则习惯去大商场。而从品牌商品本身的适销层面来看，不论是自营专卖、加盟经销或授权代理，成衣商品的推出方式都应由消费者最愿意采用的接受方式来决定。因此，在选择销售地点的时候，必须通过实际的调研、分析、论证来做出判断。

三、成衣企业分类

目前国内普通成衣生产企业一般分为内销服装企业和外销服装企业。

1. 内销服装企业

这是目前我国数量最多的一类服装企业，它们面对的目标市场是国内市场，其营销路线是：厂家→批发商（可能有几级批发）→零售商→消费者。其产品特点是：大众化且具有时尚感，产品生命周期较短，价格一般为中低档，消费群占80%以上的工薪阶层。内单普通成衣的设计特点是：服装流行元素多，式样变化快，适穿年龄跨度较大，成本低，易进行流水线生产。

2. 外销服装企业

这类服装企业的目标市场是国外服装批发市场。外单生产有两种形式：一种是单纯加工形式，服装款式、面料、工艺要求等均由外商提供，生产企业仅负责工艺师打板、推板及组织生产等工作，加工数量和规格的确定也均按订单要求进行；另一种是根据外商提出的产品类型，由厂方设计与其风格、价位规格等相似的样品，由外商挑选后下订单，在组织批量生产。

虽然各个国家的服装有着鲜明的特点，但总的来说，外销服装一般都成本较低，面料一般，生产量较大，周期较长。但外销经济发达国家的外单对加工质量要求较高，比较强调面料的环保特性。

外销服装企业的经营路线是：外商下单→组织样品生产→看样订货→批量生产→外商质检→交货。

3. 指定服装生产企业

这类服装企业是由国家主管部门通过严格的招标选定的生产某些特殊服装的服装企业。这类服装不参与市场竞争，服装设计相对稳定，如军队制服、国家公职人员制服等。

成衣生产是一个系统工程，作为设计者不仅要参与服装的款式设计和制造阶段，还要了解整个的运作过程，包括从面料的制造到消费者的动向分析，只有这样，才能得出新产品的概念。

1. 结合国际流行趋势，模拟成衣产品设计方案练习。
2. 分析如何根据不同成衣对象，制定相应的成衣设计定位及原则要求。
3. 简述遵守成衣设计的原则要求对成衣生产的影响？

第十章

品牌服装设计及品牌服装工作室运作

第一节　品牌服装设计要素

一、成衣品牌的种类

成衣品牌一般可以分为制造商品牌、销售商品牌和特许品牌。从品牌的流通状况和运作方式的区别来看，又可分为以下七个类别。

1. 国际品牌

国际品牌具有广泛的国际声誉和深远的影响力，在许多国家设有销售点。如国际奢侈品集团“LVTH”旗下的Christian Dior、Chanel等。

2. 特许品牌

特许品牌是指通过与知名企业签约合作，获得其授权生产、经营许可的品牌。如中国生产销售的皮尔·卡丹品牌的西服、内衣等即是经过特许授权的。

3. 设计师品牌

设计师品牌是以创牌设计师的名字作为品牌名称，强调设计师的个人声望，使品牌的个性风格更为张扬，以吸引特定的消费群体。

4. 商品群品牌

商品群品牌是由服装企业生产经营的商品群，是在全国建有广泛而稳固的销售网络的品牌。如杉杉、雅戈尔、三枪等品牌。

5. 零售商（企业）品牌

零售商品牌是指大型零售企业拥有的且由特定零售渠道所经营的品牌。

6. 店家品牌

店家品牌是指一些规模较小的零售商店经营的品牌。通常是前店后厂式的、深受特定顾客欢迎的服装设计工作室。

7. 个性品牌

个性品牌指能凸显商品的个性特征，具有强烈差别化特征，致力于求新求异的品牌。许多设计师品牌也同样属于这一类别。例如中国设计师马可创建的例外品牌，在市场中运作得非常成功，受到越来越多的消费者的欢迎。

二、成衣品牌的构成要素

成衣品牌的构成要素是涵盖品牌特征的基本项目，它的企划工作正是围绕着这些基本项目而展开的，其构成模式如下：

1. 公司名称

包含：（1）年销售额。（2）品牌类型。（3）服装品类。（4）目标消费群。（5）产品风格。（6）面料特征。

（7）号型（尺码）。（8）中心价格。（9）销售渠道。

2. 品牌名称

包含：（1）法人代表。（2）年销售额。（3）总部地址公司。（4）分公司。（5）注册登记号。（6）E-mail。（7）营业方式。

三、成衣品牌的策略

成衣品牌策略是成衣产品决策的组成部分，是指服装企业依据产品状况和市场情况，最合理、有效地运用品牌商标的策略。品牌策略通常有以下几种。

1. 统一品牌策略

统一品牌策略是指企业将经营的所有系列产品使用同一品牌的策略。使用统一策略，有利于建立“企业识别系统”。这种策略可以使推广新产品的成本降低，节省大量广告费用。如果企业声誉甚佳，新产品销售必将强劲，利用统一品牌是推出新产品最简便的方法。采用这种策略的企业必须对所有产品的质量严格控制，以维护品牌声誉。

2. 个别品牌策略

个别品牌策略是指企业对各种不同产品，分别采用不同的品牌。比如VERSACE（范思哲）公司就有“Versace”（高级时装品牌）“VersaceJeans”（牛仔装品牌）“V2”（经典男装品牌）“Versus”（二线青年装品牌）等多种不同商品线的品牌。这种策略的优点是：可以把个别产品的成败同企业的声誉分开，不至于因个别产品信誉不佳而影响其他产品，不会对企业整体形象造成不良后果。但实行这种策略，企业的广告费用开支很大。

3. 扩展品牌策略

扩展品牌策略是指企业利用市场上已有一定声誉的品牌，推出改进型产品或新产品。采用这种策略，既能节省推销费用，又能迅速打开产品销路。这种策略实施有一个前提，即扩展的品牌在市场上已有较高的声誉，扩展的产品也必须是与之相适应的优良产品。否则，会影响产品的销售或降低已有品牌的声誉。

4. 品牌创新策略

品牌创新策略是指企业改进或合并原有品牌，设立新品牌的策略。品牌创新有两种方式：一是渐变，使新品牌与旧品牌造型接近，随着市场的发展而逐步改变品牌，以适应消费者的心理变化。这种方式花费很少，又可保持原有商誉。二是突变，舍弃原有品牌，采用最新设计的全新回牌。这种方式能引起消费者的兴趣，但需要大量广告费用支持新品牌的宣传。

四、影响品牌服装设计的因素

品牌服装设计室的运作决定了服装品牌的成败，因此其运作的内容和过程是严格地围绕着品牌的构成要素展开的，也称服装品牌企划过程。服装品牌设计，大多数人似乎更关注服装款式、工艺结构、面料辅件的设计。如果将服装品牌设计仅仅看做是服装本身的设计是狭隘的，因为在现代文化条件下，服装品牌设计需要抛弃禁锢思维，凭借开阔的视野和敏捷的思维，用大设计的视角把握服装设计的全过程。服装品牌的设计理念应该从面料选择与款式设计、生产组织与劳动环境、品牌宣传与空间设计、经营销售与消费理念全过程进行设计与规划。大至生产对全人类可持续发展及生态环境的影响，小至服饰品牌平面字体的设计都应该归结为品牌设计的责任。

1. 信息是品牌服装设计的核心

品牌服装只有得到消费者的认可才有价值。现代服装品牌有相对明确的层系定位（高级女装、高级成衣、普通成衣）和严格的市场定位（品质、风格、价位、类别、销售规模等）。因此，品牌的价值还需进行创意性组合以便形成可能的刺激在消费者心目中构成品牌形象。这就需要服装企业进行系统、完整的商品企划活动，包括品牌的整体战略规划、视觉形象设计、核心理念确定、品牌场景设计、广告策划等一系列工作以最恰当的形态、最有效的信息传播手段，使品牌服装经营者和消费者进行双向沟通，最大程度上迎合服装迅速变化的需要，从而极大地提高品牌的竞争力。

2. 高品质是品牌服装的生命

力保产品质量的务实精神和诚心诚意服务于消费者的高贵品质是一个品牌长盛不衰的基础。永恒不变的优良原料、永恒不变的高精制作是品牌的生命。面料的个性鲜明和推陈出新是品牌的法宝之一，如迪奥的蕾丝、戈尔捷的牛仔布、范思哲的鲜艳染色、芬迪的打孔皮草、三宅一生的褶面料、罗米欧·吉利的绣花饰钻，部分女装名牌甚至专门设有面料开发部并申请有面料专利。追求版型合身、裁剪到位和制作精良是品牌的又一法宝，每个大牌均有独到的结构和裁剪制作技法，并以此强调独树一帜。另外，一流高效、独具一格的销售风格是品牌的最终保证。

3. 设计是品牌服装的核心价值

产品设计是最为重要的品牌服装核心价值。品牌服装的设计有明显的风格，这种设计风格的确定来自于对目标消费群的理解，高明的设计师会抓住消费群体的某一特征大加发挥，这就造成一个品牌在某一服装品类中的强势。如同为意大利的国际著名品牌，米索尼以针织服装见长；若要买套裙，就得去找普拉达；如需买礼服，可能乔治·阿玛尼更适合些。

品牌对设计的衡量通常建立于艺术、流行和商品的三维坐标之内，品牌设计师除了必备的服装艺术设计能力外，还应具备敏锐的市场调查分析能力、工于心计的产品成本核算能力、老谋深算的品牌延伸能力和精明独特的市场推广经营策划能力。设计的艺术性必须是目标消费群可以接受的，至少通过时装评论的解读能为人所理解，同时还要符合品牌的既有风格。设计个性不能偏离流行太远，品牌产品不是为博物馆准备的，它需要满足目标顾客的时尚需要，为其提供时髦的方案以供选择而非指导流行。因此准确地把握设计定位和品牌风格，才能体现品牌的真正价值。

第二节　品牌服装工作室的运作

品牌设计管理是对工业设计进行有效的管理和安排，使其更加合理化，最大限度地发挥设计效应。设计与管理相结合是现代设计发展的必然趋势，随着信息技术的发展以及纺织服装业的日益竞争，传统设计方法受到严峻的挑战，设计的内涵和方法正在发生深刻的变化。传统的手工效果图以及产品设计意向图已逐渐被计算机辅助设计代替，这大大缩短了产品的设计周期，现代设计是更加复杂、多变、自由化、个性化和人性化的设计，设计规模的扩大也使设计管理提高到一个重要的层面。

品牌企业成功获胜，除了内部管理外，也得益于产品的快速创新能力。企业要具备产品快速创新能力，必须具备高素质的设计人员并在企业品牌设计部门建立一套符合本公司需求的知识管理制度并使其规范化、网络化和制度化。硬件建设可以在短期内快速地完成，软件建设则是长期的、复杂的。

品牌设计工作室在空间规划中也要遵循合理性、流动性和相关性的原则。设计工作室一般位于办公楼的内部，保密性较强。以品牌为主导的公司比较注重企业的整体形象，按照写字楼的规格进行设计，办公楼的平面设计图经常把设计工作室与样衣制作室分隔开。以批发为主导的公司往往将设计工作室和样衣制作室结合在一起，以方便操作和沟通。

一、品牌工作室设计管理的作用

1. 明晰各设计项目

运用设计管理可以合理地明晰各设计项目，企业没有实施设计管理以前，各项目管理是无序而随意的，在一定程度上制约了设计的发挥，不符合现代设计高效快速的要求。

2. 建立良好的沟通和学习制度

设计室的核心能力在于拥有一个完善的机制，通过建立培训制度使设计师间拥有良好的沟通和学习环境，有益于企业的长远发展，有益于培养设计师强烈的向心力，设计师除了薪水报酬外，还特别注重自己的成长和经验的积累，没有一个有能力的设计师喜欢一成不变的设计环境。

3. 稳定设计队伍

设计师的能力结构是稳定设计队伍的重要因素之一，设计师的能力包括设计知识、设计能力和设计经验，合理配置设计能力有利于稳定设计队伍，其最佳状态是呈梯形结构，以便设计师在设计过程中相互学习。当队伍中一位设计师出现不稳定状态时，企业已经有了可以替代的设计师。在人员招聘中有目的的把设计师分为A级设计师、B级设计师、C级设计师和D级设计师，各级别设计师的职能范围以及待遇各不相同，年终根据设计师的综合素质以及业绩进行考评再重新分级。设计人员流动属正常现象，是企业设计管理必须付出的成本，分级方式可最大限度地稳定设计队伍。

4. 提高设计品质和设计速度

有效的管理可以提高设计品质和设计速度，以批发为主导的品牌设计以单件款式开发产品，目的是使款式多样，以供客户挑选。以品牌专卖为主导的品牌设计需考虑卖场的整体形象，往往以系列开发产品。因此提高设计速度对前者尤为重要，后者更加注重产品品质和对产品设计的有效管理。

二、品牌设计工作室人员配置架构

品牌设计工作室应合理、科学地进行人员配置。合理的人员配置有助于改善管理，明确职能，方便设计人员进行交流和协调。

1. 设计总监

在大众品牌企业中，设计总监是品牌经营过程中的总负责人，具有较大的决策权。设计总监负责公司的商品企划，使品牌沿着既定的方向发展，他根据市场和本企业的具体情况制定产品开发计划，组织产品生产和成本核算，组建销售网络，进行信息的搜集和分析，是保持品牌风格的灵魂人物。设计总监一般是本专业的资深人士，具有丰富的市场经验、较强的沟通和动手能力、较高的整体把握和分析能力，能解决设计和生产过程中的问题。

2. 设计组长

适合于小企业经营同一市场、同一品牌的设计工作室的人员配置，由设计总监和设计师组成，省略了设计组的中间环节，显得结构紧凑。从管理的角度上讲，人员结构的关系链越长，设计师的责任心和积极性越弱、设计师越难沟通、设计管理越困难，如小企业配置长关系链的架构，会无形中付出较高的管理成本。还有适合经营不同市场、众多品牌的大中型企业的设计工作室的人员配置，它采用分组管理的方法，由设计总监、设计组组长、设计师组成，每小组分开独立操作，负责不同市场的设计或不同品牌的设计，避免在设计中风格互相影响而形式雷同。在第二类中，必须强调各部门负责人的权责以及文本的制度管理和信息共享。

3. 设计师和设计助理

设计室在设计总监或设计组长的领导下进行产品开发，设计师根据开发任务在统一的风格下开发产品并标明设计稿的具体细节和工艺。为了在设计过程中便于协调，部分设计室设置了设计助理，其任务是协调设计总监、设计组长和设计师的工作，如成本核算、款式编号、图案整理、部门协调等。

三、品牌服装设计室的商品企划

品牌服装企业的企划是一个大的、复杂的概念，所有尚未实施的想法、目标、措施、定位等，都可以圈定在企划的范畴内。企划大都以相关人员草拟方案并集合讨论的形式进行，企划的最终结果以企划方案的形式确定。品牌服装定位是品牌成败的关键也决定了服装产品设计的每一个环节，品牌服装设计室的运作是严格地按照品牌定位目标进行的。品牌服装定位的内容主要包括以下几个方面。

1. 讨论产品开发

在开发每季度成衣前，设计总监和设计师一起搜集资料，讨论下个季度的流行趋势，对下季度的产品开发进行预测。产品开发从色彩定位开始包括产品的主题和开发的系列。

品牌服装的商品一般可以分为以下四类。

（1）长销商品：长销商品是能够常规生产和销售的、为目标消费群一贯认同的商品类别。这类商品以上装、裤子、女裙、毛衫等单品为主，可搭配性极强，在一贯风格中显现时尚。能使企划人员预见稳定的商品销售额，是保证目标消费群基本需求的重要品类。

（2）畅销商品：畅销商品是根据本季节流行主题，显现时尚潮流而又符合本品牌定位的商品类别。这类商品通常在品牌定位下更加侧重时尚元素的作用，着重在款式、面料、色彩、图案、配饰、搭配方式等方面加以体现，以达到销售额的预期目标，由于是提供目标消费群时尚需求的商品类别，所以利润与风险一样大。

（3）形象商品：形象商品是重点体现本品牌新一季流行主题的风格，突显时尚潮流，完整演绎品牌理念和独特个性精神的商品类别。一般此类商品的目的在于品牌形象，定价虽高利润却很小。由于数量有限，风险也不大。因此，形象商品是一个品牌在目标消费群中直观而牢固地树立和保持良好形象、带动消费流向的产品类别。

（4）促销商品：这类商品因品牌定位而有不同的企划方式。一般适用于产品量大、销售面广的中、低档位的成衣品牌。市场上常见的休闲类、年轻化成衣品牌大多拥有这一类别。促销商品往往单价低，利润也不高，只能以数量取胜。它不仅能充实卖场的商品数量，更能实实在在地提升卖场的人气，带动整个卖场的商品销售，形象地树立起本品牌商品热卖中的态势。但需注意的是，促销商品大多为单品或库存，一旦调价幅度过大或产品质量失控，则可能影响品牌形象。

2. 产品风格定位

产品风格就是产品所表现出来的设计理念和流行趣味。对下季度的产品开发进行定位，定位的内容包括色彩、面料、款式、图案、产品尺寸、吊牌、包装、系列风格和成本核算等。以批发为主导的成衣设计较少考虑产品的组合，品牌专卖在设计前需确定零售店的主力产品、辅助产品和关联产品，以提高卖场效益，这部分的定位由设计总监完成。主力产品是零售店主要盈利的产品，也是季度最有卖点的产品，也称主打产品。辅助产品可配合主力产品，丰富零售店的系列和视觉效果，创造良好的卖场气氛，扩大目标顾客的范围，其价格比较灵活。关联产品主要指服饰配件，如鞋、帽、腰带、背包等，以指导消费者着装，活跃卖场气氛，提升卖场形象。

（1）色彩定位：色彩定位是产品开发定位的关键因素。色彩定位确定后，找出相对应的色号，贴出色卡或在服装设计软件中寻找出相对应的色彩，保存在便于管理的文件夹中，便于在以后的款式设计和图案设计中进行配色。

（2）系列定位的方法及内容：

①系列风格定位的方法：系列风格定位是产品开发定位的关键因素，分为横向系列定位和纵向系列定位。横向系列定位设计：这是高校教学和服装设计大赛常用的设计手法，从材料、款式设计风格等方面追求整体的展示效果，带有表演的性质。纵向系列定位设计：成衣系列设计采用纵向系列定位的方法。纵向系列是指在视觉效果上成系列感，但产品不一定是统一的套装，而是分类别配套设计如T恤、牛仔裤、衬衫、毛衣、裙子、外套等各类成衣，在卖场中可以根据消费者的要求调换着装，增加了消费者的选购自由度。消费者在选购成衣时分两种类型，一种类型是选购上装与下装的统一配套，如统一面料的西装。另一类型是休闲装的选购，较少统一上下着装，而是根据个性需求自由选购。

②系列定位的内容：系列定位包括色系定位、材料定位、工艺定位、货品类别定位、货品结构定位。色系定位来源于流行色、卖场客户反馈信息、竞争对手的信息等。材料定位在原则上是用尽量少的材料设计出丰富的效果，避免材料采购上的成本支出。工艺定位在设计上主要指产品图案的定位，如灯芯绒产品上的丝网印花，做出产品特色。货品类别定位主要是指货品的类别分类定位。货品结构定位关系到卖场货品销售量的好坏，定位合理可以有效地降低生产成本。

3. 设计师或设计组完成款式、图案、尺寸、面料的设计

梭织成衣设计要求设计师考察面料与辅料市场，寻找合适的面料与配料，绘制设计草图并完成款式、尺寸的设计。针织成衣设计要进行纱线的染色，张贴纱线色板，根据色板的配色设计面料、款式、领型等。

设计师考察面料市场需注意的事项：

（1）记录选中面料的市场位置和档口地址、电话号码。

（2）记录选中面料的价格，以便进行成本核算。

（3）记录面料的幅宽。

（4）询问面料是否有现货，如无现货，多长时期可以到货。

（5）面料如无合适的颜色，是否可以染样衣的颜色。

4. 产品价格定位

由于品牌服装包含了无形资产的因素，其定价与普通服装有较大区别，与原材料成本没有绝对的对等关系。首先，消费者的购买能力和消费习惯通常影响着商品的价格设定。根据需求定价的法则，卖方设定的应是被买方认知、认同并接受的价位。反之，只要是消费者愿意接受的价格，也就是商品企划者应该设定的价格。

其次，可以根据成本加上相应的利润定出价格。再次，在与竞争对手旗鼓相当的时候，价格必然成为可调节的重要砝码。价格或高或低，可以根据竞争的态势而定。定价方法多种多样，可以几种方法并用。但须说明的是，成衣的价格由于不同定位消费群对商品价值的认知尺度不同，导致不同品牌的相同商品产生价格差异是很正常的。

5. 制作样衣

由样衣师完成样衣制作，制作过程中设计总监和设计师应多与样衣师沟通，保证产品的风格与设计相符。将检验合格的样衣加吊牌交与设计总监审批。样衣完成后，由公司试衣模特试装并进行检查和修改，直至最后完成样衣的制作。一般情况下，同一款式需制作5件左右的样衣反复修改并最终定款。

6. 准备订货会

进行订货会的策划，拍摄完成产品手册，挑选适合样衣制作的其他颜色，以备订货会之用。订货会分静态与动态两种类型。静态是规模不大的订货会采用的一种方法，产品分组、分类别静态陈列，由设计总监讲解设计意图和产品卖点。动态是由模特着装动态表演的方法，这种方法生动、有效而直观。

7. 订购产品

各经销商依据成衣秀订货会和实际情况在设计中订购产品，决定所订货品的数量、色彩、尺寸等。详细记录所订购的产品，在样品中挑出产品样衣交与跟单员，根据交给采购部的样衣最终确定原材料的定价并计算成本，以便及时订购正确的大批面料、辅料与零配件。根据订货会的订货情况制作生产单，安排生产，做好排期表。

8. 品牌方向定位

品牌方向定位是指品牌发展的目标。主要分为销售目标和市场地位目标。品牌定位是指对产品属性、消费对象、销售手段和品牌形象等内容的确定和划分，寻找和构筑适合品牌生存的时间和空间。这里的时间是指产品体系切入市场的时机，空间是指产品体系切入市场的地区。品牌定位是运用大量真实有效的数据、图表对市场调研的结果进行量化和理性分析。根据拟定的目标品牌风格，推断出在一个特定条件下，将推出或将要调整的品牌应该采取的战略或战术。虽然一个品牌的风格可以在品牌实际运作过程中根据市场需求关系做些变化，但是，这种变化应该在一个有限的范围内进行，品牌风格经常发生左右摇摆现象是运作品牌服装的大忌。因此，一旦确定了品牌的风格，就要在一定的时间内相对稳定。如果运作过程中产生了问题，只能做出局部调整或细节完善，不能随意地进行根本性的变化。

品牌的实质是一切战略战术都应围绕着产品展开。在品牌服装运作过程中，产品设计工作是重中之重，设计结果的优劣直接影响品牌的生存。这也是服装设计师在企业里面普遍感到压力沉重的主要原因。

练习与思考

1. 简述品牌服装设计的筹划与实现。
2. 结合国际流行趋势，模拟练习品牌服装设计室的商品企划案。

[1] 乔杰，等．童装与时尚［M］．北京：中国纺织出版社，2004.
[2] 王燕，等．童装创意与设计［M］．北京：现代出版社，2001.
[3] 袁仄．中国服装史［M］．北京：中国纺织出版社，2005.
[4] 居晨．巴特对媒介文化的符号学研究［M］．乌鲁木齐：乌鲁木齐职业大学学报，2002.
[5] 黄新华《符号学导论》［M］．郑州：河南人民出版社，2004.
[6] 陈建军．沃霍尔论艺［M］．北京：人民美术出版社，2001.
[7] 米乐．西方设计师的创作灵感［J］．中国时装．2006，(6)：第6页
[8] 陈建辉．服饰图案设计与应用［M］．北京：中国纺织出版社，2006.
[9] 李立新．服装装饰技法［M］．北京：中国纺织出版社，2005.
[10] 余强．装饰与着装设计［M］．重庆：重庆出版社，2003.
[11] 刘元风，胡月．服装艺术设计［M］．北京：中国纺织出版社，2006.
[12] 袁利．服装设计的创新与表现［M］．北京：中国纺织出版社，2005.
[13] 张秋山．服装创意［M］．武汉：长江出版社，2006.